书山有路勤为径,优质资源伴你行
注册世纪波学院会员,享精品图书增值服务

CDPSE Questions, Answers and Explanations Manual

国际注册
数据隐私安全
专家认证
(CDPSE™)

复习考题及
解答手册

美国国际信息系统审计协会(ISACA) 著

电子工业出版社
Publishing House of Electronics Industry
北京·BEIJING

Authorized Reprint from the Chinese Language edition, entitled 《国际注册数据隐私安全专家认证（CDPSE™）：复习考题及解答手册》, published by ISACA Global, Inc., Copyright © 2021 by ISACA. All Rights Reserved.

CHINESE language edition published by Publishing House of Electronics Industry Co., Ltd, arranged by Beijing ISACA Information Technology Co., Ltd., Copyright © 2022 by Publishing House of Electronics Industry Co., Ltd.

版权贸易合同登记号　图字：01-2021-0009

图书在版编目（CIP）数据

国际注册数据隐私安全专家认证(CDPSE)：复习考题及解答手册 / 美国国际信息系统审计协会(ISACA)著. —北京：电子工业出版社，2022.3
书名原文：CDPSE Questions, Answers and Explanations Manual
ISBN 978-7-121-42862-3

Ⅰ.①国… Ⅱ.①美… Ⅲ.①数据处理－安全技术－资格考试－题解 Ⅳ.①TP274-44

中国版本图书馆 CIP 数据核字（2022）第 022606 号

责任编辑：刘淑敏
印　　刷：北京天宇星印刷厂
装　　订：北京天宇星印刷厂
出版发行：电子工业出版社
　　　　　北京市海淀区万寿路 173 信箱　邮编 100036
开　　本：880×1230　1/16　印张：9.75　字数：291 千字
版　　次：2022 年 3 月第 1 版
印　　次：2022 年 10 月第 2 次印刷
定　　价：88.00 元

凡所购买电子工业出版社图书有缺损问题，请向购买书店调换。若书店售缺，请与本社发行部联系，联系及邮购电话：(010) 88254888，88258888。
质量投诉请发邮件至 zlts@phei.com.cn，盗版侵权举报请发邮件至 dbqq@phei.com.cn。
本书咨询联系方式：(010) 88254199，sjb@phei.com.cn。

前言

本出版物的目的是为国际注册数据隐私安全专家认证 (Certified Data Privacy Solutions Engineer, CDPSE) 考生提供例题和测试相关主题，以帮助学习和准备 CDPSE 考试。

本手册中的内容由 300 道选择题和解答组成，旨在向 CDPSE 考生介绍可能在 CDPSE 考试中出现的试题类型。这些题目并不是考试中的真实题目。300 道题目按 CDPSE 工作实务领域分类。此外，又选取其中 75 道题目编成考试样卷，其题目比例与当前 CDPSE 工作实务的比例相同。考生还可能想得到提供 CDPSE 认证基础知识的《国际注册数据隐私安全专家认证 (CDPSE™)：考试复习手册》。在 12 个月订阅期的 CDPSE™ 复习考题及解答全库中，以 Web 格式提供了本手册中的题目。

ISACA 提供的本出版物属培训类资料，用于辅助考生准备 CDPSE 考试。本资料的制作与 CDPSE 认证工作组相互独立，因此 CDPSE 认证工作组不对其内容负责。过往的考题副本并未公开，因而无法将这些考题提供给考生。ISACA 不声明或保证考生使用本书及其他 ISACA 或 IT 治理研究院出版物就可以通过 CDPSE 考试。

ISACA 祝您顺利通过 CDPSE 考试，也欢迎您对本手册的实用性及所涉及的内容提出意见和建议。考试结束后，如有任何反馈意见，请发送电子邮件至 studymaterials@isaca.org。考生的意见对于我们准备新的题目及解答十分宝贵。

致谢

我们也非常感谢以下人员为编写本手册所做的努力和贡献。

编著者

Sanjiv Kumar Agarwala，CISA，CISM，CGEIT，CDPSE，FBIC，ISO27001 LA，Oxygen Consulting Services Pvt Ltd，印度

Alain Bonneaud，CISA，CISM，CGEIT，CDPSE，法国

Lucio Molina Focazzio，CISA，CISM，CRISC，CDPSE，ITIL，GovernaTI，哥伦比亚

Larry Lliran，CISA，CISM，CDPSE，波多黎各

Arsalan Ayub Muhammad，CISM，CDPSE，IFC，Microsoft MVP，Payment International Enterprise，巴林

Aderonke Oyemade，CISA，CISM，CRISC，CDPSE，PMP，Strategic Global Consulting，美国

Namik Kemal Parmaksiz，CISA，CDPSE，CISSP，ISO27001LA，土耳其

Masanori Sakamoto，CISA，CISM，CGEIT，CRISC，CDPSE，CISSP，日本

Mark Thomas，CGEIT，CRISC，CDPSE，Escoute，LLC，美国

目录

简介 9
    概述 9
    CDPSE 复习考题及解答手册 9
    CDPSE 考试中的题目类型 10

学前测验 11

各领域相关题目与解答 13
    领域 1 — 隐私治理 (34%) 13
    领域 2 — 隐私架构 (36%) 61
    领域 3 — 数据生命周期 (30%) 101

测试后 143

考试样卷 145

简介

概述

注册数据隐私解决方案工程师考试评估考生的 CDPSE 工作实务领域相关知识、经验和应用。CDPSE 考试是一门与行业无关的全球性考试，因此，我们建议考生从这个视角来复习练习题。我们也建议考生在备考过程中参考多种资源，包括《国际注册数据隐私安全专家认证 (CDPSE™)：考试复习手册》和 CDPSE 在线复习课程，以及外部出版物。本部分会提供一些学习提示，并解释如何结合其他资源充分利用本手册。

开始准备

用足够的时间准备 CDPSE 考试至关重要。大部分考生在参加考试之前三到六个月开始学习。请确保每周留出时间学习。随着考试日期临近，考生可能需要增加每周的学习时间。制订具体计划有助于优化学习时间。

CDPSE 复习考题及解答手册

《国际注册数据隐私安全专家认证 (CDPSE™)：复习考题及解答手册》包含 300 道选择题和解答。这些题目根据 CDPSE 工作实务中描述的任务和知识点说明编写而成。复习考题接近 CDPSE 考题，但不是实际考题。这些题目旨在帮助考生理解《国际注册数据隐私安全专家认证 (CDPSE™)：考试复习手册》中的资料并举例说明 CDPSE 考试中的典型题型。

按领域分类的题目

题目和解答按 CDPSE 工作实务领域分类。通过这种分类，考生能够评估对各领域的理解情况。

考试样卷

本手册结尾处还提供包含 60 道考题的随机考试样卷。样卷参考 CDPSE 工作实务规定的并在 CDPSE 考试中使用的领域比例：

领域 1 — 隐私治理	34%
领域 2 — 隐私架构	36%
领域 3 — 数据生命周期	30%

强烈推荐考生使用此考试样卷和答题纸来模拟真实考试。此考试样卷有两种使用方式：

- 学前测验：在开始进一步学习之前进行，学前测验可帮助考生确定薄弱领域。
- 学后测验：在学习特定时间之后进行，学后测验可随着日期临近，评估考生所做准备的有效程度。学后测验可帮助您单独列出那些在考前还需要额外复习的领域和任务/知识点说明。

本手册提供了考试样卷的答题纸和答案/参考答案。答案/参考答案与本手册中各领域的相关题目与解答交叉引用，方便考生参考正确答案解析。本书适合与《国际注册数据隐私安全专家认证 (CDPSE™)：考试复习手册》配合使用。

简介

CDPSE 考试涵盖广泛的数据隐私和数据隐私工程主题。请考生注意，不要认为读完本手册的题目或完成考试样卷后便已充分做好应试准备。除非题干特别注明，否则考试和练习题常常与实践经验有关，反映的是与行业无关的全球视角。因此，我们建议 CDPSE 考生同时参考自己的经验及《国际注册数据隐私安全专家认证 (CDPSE™)：考试复习手册》列出的其他出版物和框架。

考生应衡量自己哪些领域比较薄弱或者需要进一步的指导，然后进行有针对性的学习。请注意本手册的英文版本采用的是标准的美国英语。

CDPSE 考试中的题目类型

CDPSE 考试题目旨在衡量实务知识及应用一般性概念和标准的能力。所有题目都有多个选项，只有一个最佳答案。

考生应仔细阅读每个问题，谨记这些问题针对的是全球的受众。在通常情况下，CDPSE 考试题目会要求考生选择**最**有可能或**最佳**的答案。在其他问题中，还可能要求考生选择一个**先于**其他选项执行的操作或程序。无论何时，考生均应仔细阅读题目内容，排除明显错误的选项，然后选出最佳选项。

每个 CDPSE 题目均包含一个题干（题目）和四个选项（备选答案）。考生应从提供的选项中选择**最佳**答案。题干的形式可能是问句，也可能是不完整的陈述句。

有助于解答此类题目的方法包括：

- 阅读整个题干，确定问题是在问什么。寻找"**最佳**""**最多**""**首先**"之类的关键词，以及指明题目是在考查哪个领域或概念的关键术语。
- 阅读所有选项，然后再次阅读题干，看看能否根据情境立即排除任何选项。
- 再次阅读剩余选项，结合个人经验确定最佳答案。

考生应认识到数据隐私工程是一个全球性的专业，个人的看法和经验可能无法反映全球的状况。本考试和 CDPSE 手册是针对国际信息安全社区而编写的，考生在理解可能与自己的当地经验相悖的情境或条件时，必须灵活对待。

CDPSE 考试题目均由世界各地经验丰富的数据隐私专业人员编写。考试中的每个问题亦经过 ISACA 下属的由国际成员组成的 CDPSE 考题编写工作组审阅。这样的地域分布可保证所有的题目在不同国家/地区和语言中的理解相同。

注：ISACA 考试复习手册是随时更新的文档。随着技术的进步，ISACA 手册会进行相应更新以反映这些技术进步。

如果您对本手册中的内容有任何改进建议或有推荐的参考资料，请发送电子邮件至 studymaterials@isaca.org。此外，如有关于本手册内容的任何疑问，请通过 *support.isaca.org* 提交。

学前测验

如果希望了解自己的强项和弱项，您可以进行学前测验。考试样卷从第 145 页开始，考试样卷答题纸在 153 页。您可以根据第 155 页的考试样卷参考答案为自己的学前测验打分。

各领域相关题目与解答

领域 1 – 隐私治理 (34%)

1. 企业对供应商在可能影响隐私的服务方面的绩效进行持续监控的**最佳**方式是：
   A. 每年对供应商进行评估，确保供应商保持良好的隐私实务和控制措施
   B. 制定并实施一个正式的企业供应商管理程序
   C. 确定和实施服务水平协议，以监控供应商在可能影响隐私的服务方面的绩效
   D. 确保服务合同中包含供应商隐私责任清单

C 是正确答案。

理由：

   A. 虽然企业应该定期对供应商进行评估，但这并不能及时了解供应商的绩效。
   B. 供应商管理程序可确保在供应商评估过程中记录供应商的隐私实务和控制措施。然而，如果不执行具体的服务水平协议 (Service Level Agreement, SLA) 来监控供应商在可能影响隐私的服务方面的绩效，企业将难以实现与隐私有关的适当监控。
   C. 确立与隐私相关的 SLA 是最佳选择，因为 SLA 可用于制定具体的衡量标准或指标，确保供应商能够随时间推移保持隐私保护。
   D. 在合同中包含供应商隐私责任清单非常重要；但是，该清单并无法像 SLA 那样提供供应商绩效指标。

2. 应该在何时启动**首次**隐私影响评估 (Privacy Impact Assessment, PIA)？
   A. 在设计隐私计划后
   B. 隐私计划开始后立即启动
   C. 在测试流程早期
   D. 在实施隐私计划后

B 是正确答案。

理由：

   A. 隐私设计是一种良好实践，但如果在隐私计划设计完成后再执行隐私影响评估，则需要重做某些工作，因为可能需要重新设计某些隐私风险和影响。
   B. PIA 应该在计划的生命周期早期阶段进行，因为在下游嵌入隐私会更加昂贵，也更复杂。在启动隐私计划时，能够了解需要收集、存储和/或处理哪些个人信息，而 PIA 可以发现隐私风险和影响，并在早期解决这些问题。
   C. 测试会在隐私计划的设计阶段完成之后，在该计划启动前进行。在这个阶段执行 PIA 需要重做某些工作，因为可能需要重新设计某些隐私风险和影响。
   D. 在隐私计划实施后执行 PIA，会导致为了解决隐私问题而强制中断实施的情况，并将迫使重新设计、重新测试和实施计划。

领域 1 — 隐私治理 (34%)

3. 以下哪类信息**最**可能属于个人敏感信息？

   A. 财务数据
   B. 网站登录信息
   C. 发布到社交媒体的图片
   D. 性取向

D 是正确答案。

理由：

   A. 应该予以保密的财务数据不属于敏感信息。
   B. 账户凭证（例如登录凭证）应保持私密，但不是个人敏感信息。
   C. 在社交网络上发布的个人照片属于公开数据，因为是个人选择在平台上分享这些信息的。
   D. 个人敏感信息是指需要更高程度保护的特定类别的个人数据。个人敏感信息包括种族或民族、遗传或生物特征识别数据、性取向，以及与健康相关的数据。

4. 以下哪个选项**最**有可能表明，客户关系管理应用应设在内部而不是外包给海外公司？

   A. 海外地点的电子通信质量不佳
   B. 将流程外包的投资回报率不高
   C. 隐私法律禁止客户数据跨境传输
   D. 外包组织的文化会带来高风险

C 是正确答案。

理由：

   A. 虽然企业需要考虑外包供应商的技术能力，但隐私法律可能禁止企业使用位于国外的供应商提供客户数据应用程序。
   B. 评估投资回报率是成本效益分析的一部分，但如果企业不能将客户数据跨境存储，则无须考虑这一点。
   C. 隐私法律可禁止个人可识别信息跨境传输，因而使得包含客户信息的数据仓库无法设在其他国家/地区。
   D. 在离岸外包业务中，文化方面的风险通常很高。但是，遵守法律和法规才应该是首要关注的问题。

领域 1 — 隐私治理 (34%)

5. 以下哪一方负责制定隐私程序?
    A. 首席隐私官
    B. 隐私指导委员会
    C. 业务部门经理
    D. 数据处理者

A 是正确答案。

理由:

A. 首席隐私官负责制定隐私管理政策和程序。
B. 隐私指导委员会负责审查和批准隐私管理政策和程序。
C. 业务部门经理有责任遵守隐私政策和程序。
D. 数据处理者有责任遵守隐私政策和程序。

6. 国际企业的首席隐私官应如何在企业隐私标准与当地法规要求之间寻求**最佳**平衡点?
    A. 使组织标准优先级高于当地法规
    B. 开展有关标准与当地法规冲突的培训
    C. 使当地法规优先于组织标准
    D. 制定当地版本的组织标准

D 是正确答案。

理由:

A. 组织标准应综合考量所在辖地的法律和法规,且效力无法高于当地法规。
B. 使企业意识到这些标准是明智的举措,但不是确保合规的完整解决方案。
C. 虽然应考虑当地法规,但遵守组织标准也很重要。
D. 制定当地版本的组织标准是这种情况下最有效的折中办法,因为能够同时解决这两个方面的问题。

7. 在发生隐私事件后,**最重要**的事后工作之一是:
    A. 编写详细描述事件的报告,其中包括涉及的人员、受影响的数据和采取的措施。
    B. 进行分析以评估所采取的程序,以及为将影响降至最低原本可以采取的进一步措施。
    C. 对导致隐私事件的数据泄露涉及的员工采取任何适用的纪律处分。
    D. 通知首席隐私官,详细说明隐私事件的性质。

B 是正确答案。

理由:

A. 隐私事件响应程序应包括编写详细的事件报告,但事后分析更重要,因为它有助于加强对个人信息的保护和事件响应程序。
B. 最重要的是找出当前隐私保护程序中的不足之处,并找出需要加强的事件响应程序,以提高企业在事件再次发生时的响应能力。
C. 根据事件的具体情况,可对涉及违规的员工进行纪律处分(如适用);但更重要的是分析隐私事件数据,以加强对个人信息的保护。
D. 通常,隐私事件程序会在通知首席隐私官后启动。

领域 1 — 隐私治理 (34%)

8. 在将业务流程外包出去时,企业应对签约组织的隐私实务实施适当的监督程序,主要原因是什么?
   A. 分发方对数据的法律和监管隐私要求负责
   B. 企业应监督服务提供商的财务状况,确定是否存在问题
   C. 服务提供商(外包方)对数据隐私监管要求负责
   D. 服务提供商应根据合同约定维护保险要求

A 是正确答案。

理由:

A. 即使进行业务外包,分发方仍承担符合数据隐私法律和监管要求的责任。因此,分发方必须对服务提供商的隐私实务进行适当的监督。
B. 监督服务提供商的财务状况非常重要,但这并不能帮助企业监督服务提供商的隐私实务。
C. 根据合同约定,服务提供商有责任执行服务协议中定义和记录的隐私和保护要求。但是,有关隐私的法律法规要求仍由分发方负责。
D. 确保服务提供者按照合同约定保持适当的保险范围非常重要;但是,这无助于分发方监督服务提供商的隐私实务。

9. 以下哪一项数据处理分类**最准确**地描述了这项活动的合法依据?
   A. 有用
   B. 标准实务
   C. 侵扰性较小
   D. 必要

D 是正确答案。

理由:

A. 要适用合法依据,数据处理不应仅看是否有用。
B. 要适用合法依据,数据处理不应仅看是否为标准实务。
C. 如果可以通过一些侵扰性较小的方式或处理较少的数据来实现数据处理,则不适用合法依据。
D. 许多数据处理的合法依据取决于数据处理是否必要。

10. 谁负责确立隐私风险和危害的容忍度水平?
    A. 首席隐私官
    B. 企业风险管理委员会
    C. 隐私指导委员会
    D. 首席风险官

B 是正确答案。

理由：

   A. 首席隐私官 (Chief Privacy Officer, CPO) 可能是企业风险管理 (Enterprise Risk Management, ERM) 委员会的成员，并可能针对特定的隐私风险和隐私危害为委员会提供建议。但是，CPO 不能独自负责确立容忍度水平。
   B. ERM 委员会负责确立企业隐私风险和隐私危害的容忍度水平。
   C. 隐私指导委员会负责审查和批准隐私管理政策和程序。ERM 委员会负责确立企业隐私风险和隐私危害的容忍度水平。
   D. 首席风险官在相关情况下提供专家意见，可能被要求不定期加入 ERM 委员会或作为永久成员。ERM 委员会负责确立企业隐私风险和隐私危害的容忍度水平。

11. 在可能将个人信息用于直接影响个人的决策流程时，应**首先**执行以下哪一项？
    A. 隐私影响评估
    B. 隐私意识培训
    C. 隐私事件管理
    D. 隐私文档

A 是正确答案。

理由：

   A. 由于可能将个人信息用于直接影响个人的决策，因此最谨慎的做法是确定隐私风险，并确定将信息用于决策时对相关个人的影响程度。隐私影响评估能够实现这一流程。
   B. 隐私意识培训很重要，但可以在完成 PIA 并确定相关隐私政策后进行。
   C. 隐私事件管理是在隐私泄露事件发生时，而不是在发现隐私风险之前执行。
   D. 只有在 PIA 完成后，才会创建隐私文档。

领域 1 — 隐私治理 (34%)

12. 健身俱乐部会根据客户加入俱乐部时获得的同意来处理从个人那里获得的数据。一些人后来撤回了对处理其数据的同意。下列哪项是该健身俱乐部**最**应该采取的行动？
    A. 该俱乐部可以通过转变处理信息的基础来继续处理数据
    B. 该俱乐部可以继续处理数据，因为该俱乐部是在数据处理开始后才收到同意撤回的
    C. 该俱乐部应该停止处理数据，因为继续处理这些数据会影响数据处理结果的准确性
    D. 该俱乐部应该停止处理数据，因为该俱乐部不能重新定义处理数据的原始基础

D 是正确答案。

理由：

A. 只有在一开始就告知客户处理其信息的法律基础，该俱乐部才能继续处理数据并转变处理信息的依据。如果当时只提供了一种基础，则该俱乐部就不能继续处理数据。
B. 该俱乐部决定继续或终止数据处理与同意撤回何时发出无关。
C. 该俱乐部决定继续或终止数据处理与数据结果无关。
D. 在原始基础不再适用时，俱乐部不能将处理数据的合法基础从同意转变为正当利益等其他基础。俱乐部如要转变合法基础，应从一开始就告知客户，健身俱乐部是同时基于获取同意和正当利益的前提处理数据的。

13. 以下哪一方负责制订隐私管理计划？
    A. 首席隐私官
    B. 隐私指导委员会
    C. 业务部门经理
    D. 隐私经理

B 是正确答案。

理由：

A. 首席隐私官负责实施和维护隐私管理计划和相关战略。隐私指导委员会 (Privacy Steering Committee, PSC) 负责制订隐私管理计划。
B. PSC 负责制订隐私管理计划，确定将由项目团队实施的旨在保护组织资产的隐私管理环境和活动。
C. 业务部门经理有责任遵守隐私政策、程序和标准。PSC 负责制订隐私管理计划。
D. 隐私经理制定、实施和执行政策与程序并向首席隐私官汇报。

领域 1 — 隐私治理 (34%)

14. 要满足将数据"设定为无法使用"的条件，需要具备以下哪一项？

    A. 对个人数据实施适当的技术和组织控制措施
    B. 法院禁止处理个人数据
    C. 确定数据已经过时且不相关
    D. 删除个人数据，使其无法使用

A 是正确答案。

理由：

   A. 适当的技术和组织安全措施是"设定为无法使用"的个人数据所需的保障措施之一。
   B. 要将数据"设定为无法使用"，不需要有法院命令。
   C. 数据过时和不相关并不会使其被"设定为无法使用"。
   D. 删除数据并不满足"设定为无法使用"的条件。

15. 如果确立了真正同意，**最**可能出现以下哪种情况？

    A. 信任和约定
    B. 理解和友好
    C. 透明度和意识
    D. 知情和聚焦

A 是正确答案。

理由：

   A. 通过真正同意，企业和提供同意的个人之间可以建立信任和约定。这些都是同意的主要属性。
   B. 信任和约定可能让企业与数据主体之间建立理解和友好，但理解和友好不是同意的属性。
   C. 透明度和意识涉及同意的某些方面，但真正同意产生的主要结果是建立信任和约定。
   D. 知情和聚焦不是同意的属性。

16. 以下哪一项**最**准确地描述了可将法律目的作为数据处理基础的前提？

    A. 在是否处理个人数据的问题上运用自由裁量权
    B. 以合理和相称的方式处理数据
    C. 能够通过多种合理的方式处理数据
    D. 根据有效合同将处理工作外包给分包商

B 是正确答案。

理由：

   A. 在可以运用自由裁量权来决定是否处理个人数据时，不能将法律目的作为处理数据的合法基础。
   B. 在以合理和相称的方式处理数据时，可以将法律目的作为处理个人数据的合法基础。
   C. 在能够以合理的方式处理数据时，不能将法律目的作为处理个人数据的合法基础。
   D. 根据有效合同将数据处理工作外包给分包商，反映了处理数据的法律目的本身。

领域 1 — 隐私治理 (34%)

17. 对于工作职责为处理个人信息的员工，以下哪一项是确保他们充分了解隐私程序的**最佳**方式？
    A. 每年至少提供两次常规隐私培训，以审视隐私要求
    B. 向员工提供适用政策和程序的副本，以便他们在方便时查阅
    C. 除常规隐私培训外，有针对性地提供与其工作任务相关的意识强化和培训
    D. 聘请了解隐私最佳实践的外部人员，为整个企业开发隐私意识培训课程

C 是正确答案。

理由：

  A. 所有员工都应持续接受有关企业隐私实务的培训。但是，这对于工作职责为处理个人信息的员工而言并不够。
  B. 应向所有员工提供隐私政策和程序以便查阅；但是，工作职责为处理个人信息的员工需要接受有针对性的隐私培训，以确保他们了解隐私要求并能够予以遵守。
  C. 对于工作职责为处理个人信息的员工，除接受常规企业隐私培训外，还应该接受有针对性的隐私培训，以确保他们了解隐私要求并能够予以遵守。
  D. 即使聘请外部人员开发企业隐私意识培训课程，工作职责为处理个人信息工作的员工也应接受有针对性的隐私培训，以确保他们了解隐私要求并能够予以遵守。

18. 在以下哪种情况下应该执行隐私影响评估？
    A. 个人数据用途发生重大变更时
    B. 与能够访问数据的新云服务提供商签约时
    C. 企业的新财季开始时
    D. 任命新的首席隐私官时

A 是正确答案。

理由：

  A. 每当发生可能涉及新数据用途的变更或个人数据处理方式发生重大变更时，都应执行隐私影响评估。
  B. 应按照供应商管理程序而不是 PIA 对新云服务提供商执行评估。
  C. 除非发生可能影响个人数据处理方式的变更，否则不需要每季度执行 PIA。
  D. 除非个人数据处理方式因该人员变更而发生重大变更，否则无须因任命新的首席隐私官而执行 PIA。

19. 必须将风险管理流程应用于：

    A. 存在高风险的领域
    B. 所有组织活动
    C. 超出风险阈值的领域
    D. 企业内面向互联网的资产

B 是正确答案。

理由：

A. 考虑存在高风险的领域能确保解决这些领域的问题，但在企业的任何领域都可能存在风险。忽略这些领域可能造成更多风险。
B. 所有组织活动都可能产生风险，尽管程度视具体活动而定。为确保全面了解风险环境，最好是确保将风险管理程序应用于所有组织活动。
C. 考虑超出风险阈值的领域能确保解决这些领域的问题，但在企业的任何领域都可能存在风险。忽略这些领域可能造成更多风险。
D. 考虑面向互联网的资产能确保解决这些领域的问题，但在企业的任何领域都可能存在风险。忽略这些领域可能造成更多风险。

20. 员工缺乏意识属于：

    A. 技术漏洞
    B. 流程漏洞
    C. 新兴漏洞
    D. 组织漏洞

D 是正确答案。

理由：

A. 员工意识可能涉及一些技术问题，但更多的是组织漏洞，因为这反映了缺乏对隐私计划的承诺。
B. 意识本身并不属于流程漏洞，而是流程优化的推动力。
C. 意识并不属于新兴技术，与新兴漏洞无关。
D. 员工缺乏意识与管理层的决策失误有关，因此，这是一个组织漏洞。

领域 1 — 隐私治理 (34%)

21. 以下哪项**最**能确定企业是否遵守适用的法律和法规？
    A. 数据保护影响评估
    B. 正当利益评估
    C. 隐私风险评估
    D. 隐私测试

C 是正确答案。

理由：

  A. 数据保护影响评估可确定个人数据处理所产生的风险。
  B. 正当利益评估可确定数据的处理是否适当，是否符合法规。正当利益评估并不考虑所有适用的法律和法规。
  C. 隐私风险评估可确定企业是否遵守适用的法律和法规、行业标准及内部政策和程序。
  D. 隐私测试可验证是否适当实施了与数据保护相关的所有活动，不一定能解决合规问题。

22. 以下哪种情况对处理个人可识别信息 (Personally Identifiable Information, PII) 对公众可用的系统构成的威胁**最大**？
    A. 普遍的磁盘错误
    B. 错误的权限设置
    C. 授权用户对 PII 处理不当
    D. 脚本小子运行的随机扫描

D 是正确答案。

理由：

  A. 普遍的磁盘错误构成的威胁比运行随机扫描的脚本小子要小。
  B. 错误的权限设置构成的威胁比运行随机扫描的脚本小子要小。
  C. 授权用户对 PII 处理不当构成的威胁比运行随机扫描的脚本小子要小。
  D. 脚本小子可以从公共存储库中挑选任何脚本，并随机在任何攻击目标上运行。因此，脚本小子构成的风险最大，因为会危及处理个人可识别信息的系统。

领域 1 — 隐私治理 (34%)

23. 密码破解尝试**最**准确地描述了：

    A. 拒绝服务攻击
    B. 结构化查询语言注入攻击
    C. 穷举攻击
    D. 身份认证旁路攻击

C 是正确答案。

理由：

   A. 拒绝服务攻击是来自单个源头对某个服务发起的攻击，期间内对该服务发起大量请求，最终使之不堪重负，要么完全停止，要么运行速度大幅下降。
   B. 结构化查询语言 (Structured Query Language, SQL) 注入攻击使用恶意 SQL 代码访问本来不允许访问的信息。
   C. 在密码破解尝试中，攻击者会尝试多种可能的组合，包括公开密码字典中的组合。这是一种穷举攻击。
   D. 导致身份认证旁路的是薄弱的身份认证机制，而不是穷举攻击。

24. 在选择具体的隐私影响评估方法之前，以下哪一项对企业**最**重要？PIA 方法应：

    A. 与全球最佳实践接轨
    B. 已经被业界同行采用
    C. 与业务影响分析相结合
    D. 受适用指南监管

D 是正确答案。

理由：

   A. 使用隐私影响评估方法是国际最佳实践的一种良好标志，但其本身并不能使企业与国际标准接轨。
   B. 业界同行会选择最适合自己企业的 PIA 方法，这并不意味着其他企业需要选择同样的方法。
   C. 风险评估与 PIA 的目的不同，使用标准方法执行 PIA 并不意味着与风险评估相结合。
   D. 企业应查看监管机构是否发布了与 PIA 方法有关的适用指南，因为监管要求可能决定了应采取的方法。

领域 1 – 隐私治理 (34%)

25. 以下哪一方负责批准隐私管理政策和程序?
    A. 首席隐私官
    B. 隐私指导委员会
    C. 隐私经理
    D. 首席信息安全官

B 是正确答案。

理由:

　　A. 首席隐私官担任隐私指导委员会主席并负责制定隐私管理政策和程序。首席隐私官并不负责批准政策。
　　B. PSC 负责审查和批准隐私管理政策和程序。
　　C. 隐私经理负责沟通隐私实务的设计、实施和监控。
　　D. 首席信息安全官负责企业信息安全管理。

26. 在互联网上开放不必要的网络端口属于:
    A. 技术漏洞
    B. 流程漏洞
    C. 组织漏洞
    D. 新兴漏洞

A 是正确答案。

理由:

　　A. 每个网络端口都与某项服务相关联。如果服务不是必需的,或者端口处于开放状态,会为利用非必需的端口/服务来攻击系统提供可乘之机,因此,这是一个技术漏洞。这也与设计、实施或配置中的错误有关。
　　B. 流程漏洞是由于流程定义本身的漏洞造成的,但在互联网上开放不必要的端口是一个技术问题。
　　C. 开放不必要的端口发生在网络层,而不是组织业务层。
　　D. 开放端口是常规的 IT 操作,而不是新兴技术及其漏洞的问题。

领域 1 — 隐私治理 (34%)

27. 在处理隐私风险的风险管理流程中，**最重要**的是确定以下哪一项？

    A. 数据隐私政策
    B. 隐私原则
    C. 风险容忍度水平
    D. 隐私风险官的职责

C 是正确答案。

理由：

   A. 虽然数据隐私政策很重要，但并非做出明智隐私风险决策的关键驱动因素。
   B. 虽然隐私原则很重要，但并非做出明智隐私风险决策的关键驱动因素。
   C. 企业的风险容忍度水平决定了企业会选择哪些风险应对措施，而风险应对措施是有效解决隐私风险的关键。
   D. 虽然确定隐私风险官的职责很重要，但并非做出明智隐私风险决策的关键驱动因素。

28. 使用隐私影响评估方法**主要**是确保 PIA 流程：

    A. 独立于业务影响分析
    B. 与风险评估相结合
    C. 在每个项目中得到一致执行
    D. 与国际标准接轨

C 是正确答案。

理由：

   A. 隐私影响评估的目的与业务影响分析的目的是不同的。因此，这两个流程通常是相互独立的。
   B. 风险评估与 PIA 的目的不同，使用标准方法执行 PIA 并不意味着与风险评估相结合。
   C. 隐私影响评估方法有助于确保企业中的每个项目都能遵循同样的方法，确保一致性。
   D. 使用 PIA 方法是国际最佳实践的一种良好标志，但其本身并不能使企业与国际标准接轨。

领域 1 — 隐私治理 (34%)

29. 以下哪一项是执行隐私影响评估的**第一步**？确定：

    A. 个人数据如何流经各系统
    B. 对个人数据构成的数据保护风险
    C. 由系统或流程处理的个人数据
    D. 解决常见隐私风险的最佳实践

C 是正确答案。

理由：

    A. 在了解数据如何流经各企业系统之前，必须首先确定系统或流程会处理哪些个人数据。
    B. 在企业确定其系统和/或流程处理哪些个人数据之后，才能确定数据的风险。
    C. 执行隐私影响评估的第一步是确定企业系统或流程会处理哪些个人数据（如有）。如果没有处理任何个人数据，则不需要采取后续步骤。
    D. 解决常见隐私风险的最佳实践十分重要；但是，企业必须首先确定其系统和/或流程处理哪些个人数据，然后才能决定如何最好地应用这些实践。

30. 在评估新供应商时，可通过什么**最**深入地了解供应商在隐私和安全实务方面的情况？

    A. 所有者对其隐私实务的证明
    B. 供应商最新风险评估报告的副本
    C. 能够证明供应商服务的业务证明人
    D. 保险凭证副本

B 是正确答案。

理由：

    A. 虽然供应商可以证明其隐私实务的可靠性，但风险评估应由独立方执行，才能对供应商的风险领域或不适合的隐私控制措施提供公正的看法。
    B. 供应商的最新风险评估报告可能揭示供应商可能存在的隐私和安全控制措施缺陷及风险问题。在理想情况下，应该由独立的第三方来执行评估。
    C. 联系业务证明人可以提供有关供应商服务和绩效的宝贵信息。但是，供应商往往会提供与之有良好业务关系的证明人，这种做法不如审查供应商最新的风险评估报告公正。
    D. 虽然知道供应商具备符合企业要求的保险范围是有必要的，但无法提供有关该供应商隐私和安全实务的信息。

31. 执行隐私影响评估**主要**在以下哪种情况下触发？

    A. 仍有机会影响项目成果
    B. 项目成果需要更加明确地界定所有权
    C. 随着正式产品发布，项目已经完成了一个完整的生命周期
    D. 业务影响分析要求执行 PIA

A 是正确答案。

理由：

A. 应尽早触发隐私影响评估。如果项目已经开始，应在仍有机会影响项目成果时触发 PIA。
B. 如果项目成果不明确，且所有权也不明确，则项目管理需要解决这些问题。在这种情况下，PIA 并非最佳的解决办法。
C. 如果项目已经完成了生命周期和正式产品发布，则为时已晚，无法通过执行 PIA 来影响项目成果。
D. 业务影响分析确定了流程的关键性，但仅此因素并不足以触发 PIA。

32. 某第三方请求提供某个人的银行账户信息，而该个人与另外两个人共享账户。以下哪项是银行对这一请求的**最佳**回应？银行应：

    A. 在取得该个人对请求的授权后，再向第三方披露信息
    B. 在获得账户全部所有者的授权后，再向第三方公布所请求的信息
    C. 只提供与该个人相关的信息，不提供与其他账户持有者相关的信息
    D. 拒绝有关提供任何信息的请求，因为其他账户持有者不在场

B 是正确答案。

理由：

A. 即使获得了其中一位银行账户所有者的授权，也需要在获得全部所有者的授权后，再向第三方公布信息。
B. 需要各方都授权可公布信息后，才能向第三方发送信息。
C. 可能无法分离联名账户的信息以仅提取与其中一位账户持有者相关的信息。这是因为与该账户有关的所有信息均由全部账户持有者共同拥有。
D. 银行需要先向全部账户所有者申请满足这一请求的授权，才能拒绝这一请求。

领域 1 — 隐私治理 (34%)

33. 以前的一位客户请求从企业数据库中删除有关她的数据。该企业将客户的数据保存在实时系统和备份系统中。对于客户的请求，企业**首先**应该采取什么行动？

    A. 向客户清晰传达如果满足删除请求，企业将如何处理她在实时系统和备份系统中的数据
    B. 删除实时系统中的数据，并确保按照既定的备份计划覆盖备份环境中的相关数据
    C. 限制该客户驻留在实时系统和备份系统中的数据的访问权限，防止任何人查看或处理这些数据
    D. 确认删除请求的有效性，并在删除数据前确认不适用任何豁免

A 是正确答案。

理由：

A. 企业首先应该采取的行动是向客户解释，如果满足删除请求，企业将如何处理她在实时系统和备份系统中的数据。
B. 应该先通知客户一旦满足删除请求，企业将如何处理其数据，然后再删除实时系统和备份系统中的数据。
C. 限制客户数据的访问权限并不是对删除请求的回应。
D. 为确定采取什么步骤删除备份系统中的数据，企业必须核实删除请求是否有效，并且不适用任何豁免。基于核实结果和其他因素，企业能够决定删除数据的最佳方式。应该先通知客户一旦满足删除请求，企业将如何处理其数据，然后再执行这一步。

34. 以下哪一项是隐私审计程序的**主要**目标？

    A. 识别可能危害数据隐私的信息安全控制缺陷
    B. 监督第三方根据合同实施的隐私实务
    C. 确保企业的隐私计划符合相关法律要求
    D. 评估事件响应程序和应对隐私泄露的能力

C 是正确答案。

理由：

A. 安全控制措施可能影响数据隐私；但在隐私审计中，其他因素（例如正确识别隐私要求和隐私计划的充分性）更为重要。
B. 对供应商隐私实务的日常监测和监督不属于审计责任范围。
C. 隐私审计流程的主要目标是确保企业隐私计划符合内部和外部的法律、法规、指令及其他法律要求。
D. 审计职能部门应该评估事件响应程序的充分性；但是，这只是企业隐私计划的一小部分。

35. 在评估供应商的隐私实务时，以下哪一项**最**值得关注？

   A. 供应商没有任命数据保护官
   B. 供应商的网络责任保险是由一家未经认可的提供商签发的
   C. 供应商缺乏正式定义和成文的数据隐私政策和程序
   D. 供应商使用第三方来提供部分服务

C 是正确答案。

理由：

   A. 对供应商的隐私实务进行评估是为了确定该供应商是否符合分发方的最低数据隐私要求。即使供应商没有任命正式的数据保护官，也可以做到这一点。
   B. 有许多组织提供保险。只要保单符合分发方规定的最低要求，就不必担心实际提供商是谁。
   C. 供应商应制定有明确定义的数据隐私政策和程序并记录成文，以确保其隐私管理计划能满足分发方的最低要求。
   D. 虽然供应商对第三方的使用是企业在签订新合同时必须评估的问题，但缺乏正式的数据隐私政策和程序更令人关注。

36. 以下哪一项**最**准确地描述了隐私工程师会将隐私审计结果用于何种目的？

   A. 确保适当满足隐私培训要求
   B. 确保正确定义隐私审计的范围
   C. 确定企业的所有隐私合规要求
   D. 确定涉及个人信息的产品的工程计划存在的差距

D 是正确答案。

理由：

   A. 隐私培训是企业隐私计划的重要组成部分。但是，隐私工程师的主要任务是对涉及个人信息的服务和产品进行规划。
   B. 企业正确定义审计范围很重要，但评估其充分性并非隐私工程师的责任。
   C. 隐私审计报告会显示隐私管理计划的差距和不足。但是，这类报告不一定会列出或识别与企业相关的隐私要求。
   D. 隐私审计结果可用于确定涉及个人信息的服务和产品的工程计划中应解决的差距。

领域 1 — 隐私治理 (34%)

37. 在考虑企业的供应商监督流程时，以下哪一项的风险**最大**？
    A. 没有集中式的供应商管理程序
    B. 没有制定正式的供应商管理程序
    C. 法务部未参与供应商评估流程
    D. 没有明确规定对供应商的保险要求

B 是正确答案。

理由：

    A. 尽管强烈建议集中维护和管理供应商管理程序，但是更令人担忧的问题是根本没有供应商管理程序。
    B. 供应商管理程序旨在与供应商签约之前对其进行评估，并持续监控供应商。如果没有正式的供应商管理程序，企业就无法确保供应商至少满足最低要求和保护。
    C. 虽然法务部未参与供应商评估流程会令人担忧，但不一定会影响企业监控供应商绩效的能力。
    D. 有明确的保险要求很重要，但未必会影响企业监控供应商绩效的能力。

38. 对第三方供应商隐私实务实施监督的**主要**原因是什么？
    A. 企业要对有关数据隐私的法律法规要求负责
    B. 企业需监督服务提供商的财务状况，以确定是否存在任何问题
    C. 对于企业共享的数据，服务提供商要对有关数据隐私的法规要求负责
    D. 企业应确保保险要求由服务提供商维护

A 是正确答案。

理由：

    A. 即使外包，企业也要对有关数据的法律法规要求负责。因此，企业必须对服务提供商的隐私实务实施适当的监督。
    B. 服务商的财务状况非常重要，但是这无法帮助企业监督服务提供商的隐私实务。
    C. 根据合同约定，服务提供商有责任执行服务协议中定义和记录的隐私和保护要求。但是，符合隐私法律和监管要求的责任仍由分发方承担。
    D. 确保服务提供者按照合同约定保持适当的保险范围非常重要。但是，这无法帮助企业监督服务提供商的隐私实务。

领域 1 — 隐私治理 (34%)

39. 在合同终止的情况下，组织确保实施适当和有序的供应商退出流程的**最佳**方式是：
    A. 在合同中加入关于建立软件源代码托管的要求
    B. 正式成立供应商管理委员会，负责评估和批准新供应商
    C. 在合同中加入适当的终止和退出要求
    D. 提起诉讼，确保供应商为退出流程提供支持

C 是正确答案。

理由：

   A. 实施适当的供应商监督程序很重要。但是，该程序仅有助于监控供应商的服务绩效，并不涉及退出程序。
   B. 大多数实施可靠供应商管理实务的企业都设有某种形式的管理委员会，专门负责为供应商管理程序提供指导。但是，如果合同中缺乏恰当的退出要求，企业将无法确保实施适当的退出程序。
   C. 在合同终止的情况下，最重要的是确保合同中包含适当的退出要求。否则，企业将无法控制供应商应何时通知企业终止合同、提供数据迁移支持、数据处置要求等。
   D. 如果供应商没有遵守合同规定的退出要求或出现争议，可选择采取法律行动。然而，法律案件可能经历耗时且复杂的程序。最佳选择是在合同中规定明确和适当的退出条款，以确保不需要法院干预。

40. 与第三方供应商签订合同时，以下哪一项是确保所有隐私要求得到妥善解决的**最佳**方式？
    A. 让法务部参与供应商审核流程
    B. 要求供应商提供最新的服务组织控制报告副本
    C. 创建供应商风险概况，建立服务与数据之间的联系
    D. 创建一份相关隐私法规的清单

C 是正确答案。

理由：

   A. 虽然让法务部参与供应商审核流程很重要，但如果企业无法了解供应商提供的所有服务，就无法确定供应商可以访问的数据类型和适用的隐私要求。
   B. 服务组织控制 (Service Organization Control, SOC) 报告提供了可能与用户实体相关的服务机构的控制措施信息。但是，这无法帮助确保合同中规定了适用的隐私要求。
   C. 通过供应商风险概况，企业能够建立供应商与他们提供的服务、受其影响的数据及适用的隐私要求之间的联系。
   D. 企业有必要了解适用于企业的所有合同和法律隐私要求。但是，如果这些要求没有与供应商将提供的具体服务相联系，则无法确保合同中规定了适用的隐私要求。

41. 确保隐私审计程序能够解决关键问题的**最佳**方式是:
    A. 与企业所有者面谈，了解他们关注的领域，以将这些领域纳入隐私审计程序
    B. 执行风险评估，以识别要纳入隐私审计程序的高风险领域
    C. 审查以前的隐私评估结果，以识别要纳入隐私审计程序的风险领域
    D. 拥有足够的审计人员，审查企业内的所有关键领域

B 是正确答案。

理由:

A. 从业务领域获得有关隐私风险的反馈很重要，但是，如果没有完成正式的风险评估，仅从业务领域进行了解，可能导致无法正确识别风险或确定风险优先级。
B. 风险评估有助于识别存在隐私风险的领域，并能够使管理层确保在隐私审计程序中妥善解决这些风险领域。
C. 审查以前的隐私评估结果有助于识别他人以前发现的缺陷，但不一定能反映当前的风险，而且企业很可能已经实施或正在实施补救计划。
D. 足够的审计人员有助于确保审计计划正常完成，但是，如果不能正确识别关键问题，则审计计划可能忽略关键问题。

42. 隐私事件响应团队的**主要**目的是:
    A. 确保按照适用法规向客户发出通知
    B. 作为企业与外部相关方之间的联络人
    C. 降低与隐私事件相关的风险
    D. 促进参与事件响应的所有团队之间的沟通

C 是正确答案。

理由:

A. 隐私事件响应团队 (Privacy Incident Response Team, PIRT) 负责监督整体的事件响应工作，包括与客户通知有关的工作；但这不是其主要目的。
B. PIRT 的职责之一是监督是否与外部相关方进行适当和受控的沟通，但这属于降低隐私事件相关风险的一部分。
C. PIRT 的主要目的或使命是通过维护企业的声誉和使命来降低与隐私事件相关的风险。
D. 确保参与事件响应的所有团队之间进行适当的沟通很重要，但这不是 PIRT 的主要目的。

领域 1 — 隐私治理 (34%)

43. 当地法律限制了企业通过监控个人数据来预防欺诈的能力。与第三方签订合同时，以下哪一项是解决这一问题的**最佳**方式？

    A. 查看供应商运营所在国家/地区有哪些法律可能阻止企业监控纯粹的个人数据
    B. 将供应商限制为仅位于同一国家/地区的供应商，企业就可以避免这个问题
    C. 在签订合同之前，确保供应商管理委员会对供应商进行审批
    D. 在合同中加入限制条款，规定数据应保存在哪些国家/地区，或者数据不能转移到哪些国家/地区

D 是正确答案。

理由：

   A. 有必要了解供应商运营所在国家/地区的法律。但是，考虑到现在普遍使用云服务，数据可能存储在世界各地的一个或多个数据中心。
   B. 即使企业只与位于本国/本地区的供应商开展业务，云服务的普遍使用也意味着数据可能存储在世界各地的一个或多个数据中心。
   C. 由供应商管理委员会审查和批准新供应商，有助于确保遵守供应商管理要求。但是，这并不能防止将数据转移到不允许数据转移的国家/地区。
   D. 合同中的限制条款规定了供应商可以或不可以在哪些具体国家/地区传输数据，从而将受当地法律限制的风险降到最低。

44. 拥有可靠的隐私审计程序将有助于企业确保：

    A. 员工了解企业隐私相关的控制措施和程序
    B. 企业识别适用的法律和合同隐私要求
    C. 对隐私管理计划有效性的持续监控
    D. 管理层妥善解决了隐私风险

C 是正确答案。

理由：

   A. 有必要让员工接受相应培训，但培训只是整个隐私管理计划的其中一部分。
   B. 有必要确定企业是否已有效识别适用的法律和合同隐私要求。但是，这只是建立有效隐私管理计划所需的其中一步。
   C. 审计职能部门的主要目标之一是监控、衡量和报告隐私管理计划的有效性。
   D. 作为审计程序的一部分，审计职能部门会确定管理层是否正确识别和解决了隐私风险。但是，仅凭这一点并不能全面说明隐私管理计划的有效性。

领域 1 — 隐私治理 (34%)

45. 在执行隐私审计时,了解企业是否已正确识别其隐私风险的**最佳**方式是:
    A. 审查隐私管理计划
    B. 索取最新的隐私影响评估结果
    C. 就当前的计划与执行管理层面谈
    D. 索取最新的信息安全风险评估结果

B 是正确答案。

理由:

    A. 虽然应将企业隐私管理计划作为隐私审计的一部分进行审查,但该计划只反映了当前实施的控制措施和程序。这无法帮助审计师确定该计划是否能解决企业的隐私风险。
    B. 隐私影响评估会分析个人信息的收集、使用、共享和维护方式,有助于识别要解决的隐私风险。因此,审查 PIA 是审计师的最佳选择,可确保管理层已识别并解决隐私风险。
    C. 与执行管理层面谈可以获得与当前隐私相关项目有关的宝贵信息。但是,这无法帮助审计师确定这些计划能否解决企业的隐私风险。
    D. 最新的信息安全风险评估结果有助于审计师识别与信息安全保护相关的风险。但是,这无法帮助审计师确保管理层识别并解决隐私风险。

46. 以下哪种情况**最**可能需要执行隐私审计,以纳入审计测试,确保有效且一致地应用匿名化程序?
    A. 地方法律禁止通过监控个人数据来预防欺诈
    B. 企业尚未执行隐私影响评估
    C. 将数据处理业务外包,而没有考量隐私因素
    D. 最近的欺诈监控审计发现企业流程存在缺陷

A 是正确答案。

理由:

    A. 如果地方法律禁止通过监控纯粹的个人数据来预防欺诈,则应对数据进行匿名化处理。因此,审计师应审查是否有效且一致地应用了匿名化程序。
    B. 隐私影响评估有助于企业识别隐私风险。然而,缺乏 PIA 并不意味着要实施匿名化程序。
    C. 虽然合同中没有隐私相关要求令人担忧,但匿名化程序只有在需要时才会执行。因此,并不是所有的外包服务都需要实施匿名化。
    D. 通过欺诈监控审计可以发现与被监控数据有关的缺陷,这属于欺诈监控程序的一部分。但是,这并不会显示关于匿名化程序的重要信息。

领域 1 — 隐私治理 (34%)

47. 以下哪一方应确保遵守组织的隐私程序?

    A. 隐私指导委员会
    B. 首席隐私官
    C. 数据控制者
    D. 业务经理

C 是正确答案。

理由:

  A. 隐私指导委员会负责审查和批准隐私管理政策和程序。数据控制者负责确保遵守经批准的程序。
  B. 首席隐私官负责制定隐私管理政策和程序。
  C. 数据控制者负责确立隐私政策、程序和标准并确保合规性。
  D. 业务经理负责开发、维护、指导和分配资源以实现组织目标。数据控制者负责确保遵守经批准的程序。

48. 在审计管理层确立的隐私实务有效性时,审计师**最**关注的是:

    A. 与访问控制程序的有效性有关的缺陷
    B. 缺乏明确的业务和数据隐私要求
    C. 缺乏适当的信息安全控制措施
    D. 缺乏正式的供应商管理程序

B 是正确答案。

理由:

  A. 虽然与访问控制有关的缺陷可能影响数据隐私,但不了解适用的隐私要求会产生更大的影响。
  B. 如果不能清楚地了解适用的隐私要求,企业就无法实施适当的隐私实务来应对隐私风险。
  C. 人们的一个常见误解是认为信息安全等同于隐私保护。隐私保护是信息安全可能产生的一个结果。
  D. 虽然缺乏正式的供应商管理程序令人担忧,但如果企业不能清楚地了解适用的隐私要求,就无法将这些要求传达给供应商。

49. 对于在综合隐私保护法律模式下运营的企业,以下哪一项是其**最**关注的问题?

    A. 了解知识产权保护
    B. 制定个人信息安全要求
    C. 存储用于统计分析的匿名健康信息
    D. 收集消费者数据用于发起竞争

D 是正确答案。

理由:

  A. 知识产权不被视为个人信息,不是最应关注的问题。
  B. 综合模式涵盖个人信息的收集、使用、存储、共享和销毁等行为。该模式不包括安全要求。
  C. 匿名健康信息不再被视为个人可识别信息。
  D. 综合模式涵盖个人信息的收集、使用、存储、共享和销毁等行为。

领域 1 — 隐私治理 (34%)

50. 以下哪一项是应该包含在隐私政策中的**最**重要组成部分？
    - A. 责任
    - B. 担保
    - C. 通知
    - D. 标准

C 是正确答案。

理由：

- A. 隐私政策可能通过阐明未经授权的泄露后果以体现其责任，但这不是最重要的组成部分。
- B. 隐私政策不能解决担保，后者通常与隐私政策无关。
- **C. 隐私政策必须包含发生未经授权的泄露时的通知要求和退出规定。**
- D. 有关隐私的标准是独立的，并且不属于政策。

51. 在审计第三方供应商的数据清单时，以下哪一项**最**令人担忧？
    - A. 缺乏维护最新数据清单的程序
    - B. 企业使用电子表格来维护数据清单
    - C. 数据清单缺少重要的信息字段，如联系电话
    - D. 数据清单由签约部门负责维护

A 是正确答案。

理由：

- **A. 如果未适当更新或维护数据清单，企业就无法确保所有供应商都对他们可访问的相关个人信息类型执行了对应的适当隐私规定。**
- B. 企业无须使用应用程序或自动化流程来维护第三方供应商的数据清单。
- C. 数据清单必须包含充足的信息，包括供应商的联系信息。但是，过时的清单会构成更大的风险。
- D. 只要有助于维护最新的清单，并遵守适当的职责分离，维护第三方数据清单的责任可以分配给各业务部门。

领域 1 — 隐私治理 (34%)

52. 以下哪一项**最**能确保在将数据传输给第三方之前删除个人可识别信息？

    A. 访问控制
    B. 匿名化技术
    C. 文件加密
    D. 虚拟专用网络

B 是正确答案。

理由：

   A. 访问控制措施有助于防止他人在未经授权的情况下访问数据。但是，获得授权人员仍可访问个人可识别信息。
   B. **匿名化是指以不可逆的方式分离数据集与数据提供者的身份，以防止未来进行任何形式的重新识别，甚至原收集企业也不能复原。因此，企业需要在将数据转移给第三方之前删除 PII，这是最佳选择。**
   C. 文件加密有助于在传输过程中保护数据的安全。但是，供应商在解密文件时仍能访问 PII。
   D. 虚拟专用网络提供了与供应商传输数据的安全渠道。但是，这无法隐藏数据主体的身份。

53. 隐私事件响应团队的**主要**职责是：

    A. 通知监管机构，并与公共关系部门协调，通知受事件影响的个人
    B. 与计算机取证公司签订合同，为事件调查流程提供支持
    C. 维持参与隐私事件响应的技术团队与首席隐私官之间的沟通
    D. 监督涉及个人信息的任何事件，包括与隐私事件响应相关的所有组织组成部分

D 是正确答案。

理由：

   A. 在响应隐私事件时，可能有必要通知相关事件。但是，隐私事件响应团队的职责不仅限于事件通知。
   B. 在事件响应中，可能要与计算机取证公司签订合同。但是，PIRT 的职责不仅限于此程序。
   C. PIRT 可帮助维持参与隐私事件响应的技术团队与首席隐私官之间的沟通。但是，其职责不仅限于此程序。
   D. **PIRT 负责全面监督整个隐私事件响应流程。**

领域 1 — 隐私治理 (34%)

54. 隐私政策的主要目的是什么？
    A. 提供保护个人信息的强制性要求
    B. 向员工传达隐私原则
    C. 说明管理层的总体意图
    D. 提供有关如何保护个人信息的详细指导

C 是正确答案。

理由：

    A. 标准中规定了强制性要求。
    B. 原则是制定政策的依据信息。
    C. 政策描述了管理层的总体意图和方向。
    D. 政策是描述管理层总体意图和方向的高级别文档，不提供详细的指导。

55. 以下哪一项是隐私事件中**最先**发生的事件？
    A. 企业确认实际发生了隐私泄露
    B. 企业怀疑发生隐私泄露
    C. 首席隐私官收到有关隐私泄露事件的通知
    D. 通知适用的监管机构

B 是正确答案。

理由：

    A. 在确认事件之前，企业必须根据确立的政策和程序调查可能的隐私泄露事件。
    B. 一旦企业怀疑发生隐私泄露事件，即开始隐私事件管理流程。
    C. 在怀疑并确认发生泄露事件后，首席隐私官会收到通知。
    D. 在确认泄露后，将根据适用的法规通知监管机构。

56. 以下哪一方负责实施和维护隐私管理计划和相关战略？
    A. 隐私指导委员会
    B. 业务经理
    C. 隐私经理
    D. 首席隐私官

D 是正确答案。

理由：

    A. 隐私指导委员会最终负责隐私管理计划的设计和实施战略。
    B. 业务经理负责开发、维护、指导和分配资源以实现组织的总体目标。
    C. 隐私经理总体负责管理整个企业范围的隐私管理工作和活动。
    D. CPO 负责实施和维护隐私管理计划和相关战略。

领域 1 — 隐私治理 (34%)

57. 在确立隐私事件政策和程序后，**最**重要的任务是以下哪一项？

    A. 对员工进行有关政策和程序的培训
    B. 执行隐私风险评估
    C. 测试隐私事件响应计划
    D. 确保适当备份事件政策和程序的最新版本

A 是正确答案。

理由：

   A. **在正式确立隐私事件的政策和程序后，最重要的任务是对员工进行培训，让他们了解企业的隐私政策，知道在发生隐私泄露时该如何处理。**
   B. 隐私风险评估应在确立隐私治理结构及其政策和程序之前执行，因为隐私计划应解决企业面临的特定隐私风险。
   C. 在测试隐私事件响应计划之前，企业应该对员工进行培训，让他们了解各自的任务和责任。
   D. 隐私专业人员应该保持对事件政策和程序进行适当控制和备份，但更重要的是对员工进行有关企业隐私政策和程序的培训。

58. 隐私专业人员**最**关注以下哪种情况？企业：

    A. 允许最终用户在笔记本电脑上存储客户的匿名化信用卡详细信息
    B. 尚未任命首席信息安全官
    C. 允许第三方访问企业的知识产权
    D. 允许最终用户在笔记本电脑上存储他们的银行对账单

D 是正确答案。

理由：

   A. 数据匿名化可以最大限度地降低信息被用于欺诈的风险，所以这不是一个大问题。
   B. 即使企业没有首席信息安全官，也可以解决隐私问题。
   C. 知识产权为企业所有，因此企业可以决定是否允许第三方访问相关信息。
   D. **银行对账单属于敏感信息，比其他个人数据需要更高程度的保护。因此，如果将这些信息存储到最终用户的笔记本电脑上，是一个重大问题。**

领域 1 — 隐私治理 (34%)

59. 在免费网络研讨会的报名表上选择的职业级别信息属于：
    A. 个人资料
    B. 个人信息
    C. 个人可识别信息
    D. 敏感信息

A 是正确答案。

理由：

A. 个人资料是指间接指向可识别个人的任何形式（数字和非数字）的信息。个人资料包括元数据，例如由网站收集并存储在系统中的人口统计信息。
B. 个人信息是指可与特定个人关联的任何类型（数字和非数字）的信息。
C. 个人可识别信息是指可用于在信息与特定自然人之间建立联系，或者已经或可能直接或间接关联到特定自然人的任何类型的信息。
D. 敏感信息是指需要更高程度保护的特殊类别的个人数据。

60. 以下哪一个是批准企业隐私政策的**最佳**角色？
    A. 首席隐私官
    B. 首席信息官
    C. 董事会
    D. 首席信息安全官

C 是正确答案。

理由：

A. 首席隐私官对企业隐私管理计划承担总体责任，但并不会批准该政策。
B. 隐私不是 IT 的主要责任，也不只是 IT 的责任。因此，首席信息官不能独自批准该政策。
C. 政策通常须由高级管理层和/或董事会批准。
D. 首席信息安全官并不能单独批准该政策。

领域 1 — 隐私治理 (34%)

61. 以下哪种法律保护模式要求设立专门的数据保护机构？

    A. 部门模式
    B. 综合模式
    C. 合作监管模式
    D. 自我监管模式

B 是正确答案。

理由：

   A. 部门模式由涵盖特定行业或特定类型的个人信息的法律、法规和标准组成，通常设立不同的政府机构来实施隐私保护。采用部门模式的国家和地区通常通过不同的政府机构或行业部门来管理各个行业的隐私保护。
   B. **综合模式包含管理个人信息的收集、使用、存储、共享和销毁的法律，这些法律适用于私有和公共部门所有行业并由政府机构强制执行。综合模式适用于通常设立了专门的政府机构来负责确保隐私保护实施的国家和地区。该执行机构通常被称为数据保护机构 (Data Protection Authority, DPA)。DPA 采取行动，确保法律得到遵守并检查潜在的违规情况。**
   C. 在合作监管模式中，政府和私人机构共同承担建立和实施隐私保护的责任。
   D. 自我监管模式下没有隐私或数据保护法律，而是要求企业制定出自己的规定（如有）。自我监管是指行业、协会、政府或其他拥有大量成员的团体同意根据一组指定的准则、行动和限制来使用和处理个人信息。例如，一个团体认为保护消费者在网络空间中的隐私的最佳方式是遵循虚拟市场的一组隐私准则，而不是基于政府的规定。

62. 以下哪一方负责确保遵守隐私政策？

    A. 隐私指导委员会
    B. 首席隐私官
    C. 数据控制者
    D. 合规经理

C 是正确答案。

理由：

   A. 隐私指导委员会负责隐私管理计划的设计和实施战略。
   B. 首席隐私官负责实施和维护隐私管理计划和相关战略。
   C. **数据控制者最终负责个人信息的适当使用、共享和安全。数据控制者负责确立隐私政策、程序和标准并确保合规性。**
   D. 合规经理确保业务的开展符合与企业相关的法律和道德框架。

63. 在数据收集过程中，应在何时取得数据主体的知情同意？
    A. 在说明收集数据的目的之后和收集个人数据之前
    B. 在向数据主体说明收集数据的目的之前
    C. 在收集个人数据之后和处理个人数据之前
    D. 在企业内部发布或传播个人数据之前

A 是正确答案。

理由：

A. 只有在数据主体了解收集数据的目的后，方可视为知情同意，而且应在收集任何数据之前披露目的。
B. 只有在数据主体了解收集数据的目的后，方可视为知情同意。
C. 收集个人数据是数据处理的一部分，因此，在处理之前，必须取得数据主体的知情同意。
D. 发布和传播个人数据是数据处理的一部分，因此，在处理之前，必须取得数据主体的知情同意。

64. 建立良好隐私政策**最**重要的方面是确保它们：
    A. 方便所有员工访问
    B. 与所有关注群体达成一致
    C. 捕捉管理层意图
    D. 已通过内部审计部门的审批

C 是正确答案。

理由：

A. 政策的可获得性非常重要，但并不能表明良好的隐私内容。
B. 与所有关注群体达成一致是理想的，但这并不是体现高级管理层意图和方向的良好政策要求。
C. 各项政策应反映高级管理层的意图和方向。
D. 内部审计部门将测试政策合规性，但不负责制定政策。

65. 以下哪个原因**最**有可能表明，医院及其患者的数据仓库应保留在内部而不是外包给海外地点？
    A. 项目存在技术复杂性，处理难度高
    B. 隐私法律法规禁止敏感数据跨境传输
    C. 时区差异会对患者服务造成影响
    D. 成本效益分析尚无定论

B 是正确答案。

理由：

A. 虽然医院有必要评估供应商是否具备处理数据仓库的技术要求，但如果隐私法律法规禁止健康信息跨境传输，则根本不会考虑外包。
B. 隐私法律可禁止敏感的个人可识别信息跨境传输，因而会使得包含健康信息的数据仓库无法放置在其他国家/地区。
C. 无论数据仓库位于哪里，时区差异问题可通过合同规定进行管理。
D. 成本效益分析是一个重要因素，但遵守法律法规更重要，而法律法规可能禁止这种做法。

领域 1 — 隐私治理 (34%)

66. 在执行隐私评估时，为确保遵守隐私要求，隐私专业人员要采取的**第一**步是什么？

    A. 审查适用于企业的法律法规要求
    B. 确保员工遵守企业的政策、标准和程序
    C. 审查企业的隐私政策和隐私程序
    D. 确保企业具备适当的 IT 架构

A 是正确答案。

理由：

A. 为确保企业遵守隐私要求，隐私专业人员首先要确保满足适用的法律法规要求。了解法律法规要求后，应审查企业的政策、标准和程序，确定其完全满足隐私要求，然后有必要审查对这些具体政策、标准和流程的遵守情况。
B. 企业的政策、标准和实务应遵守法律要求，应在核对法律要求后检查其合规情况。
C. 企业的政策和程序应遵守法律要求，应在核对法律要求后检查其合规情况。
D. 要符合要求，首先必须了解法律法规要求是什么，因为每个司法管辖区的要求可能有所不同。IT 架构与要求的实施相关。

67. 以下哪一项是确保企业的隐私政策符合法律要求的**最佳**方式？

    A. 根据最严格的法规调整政策
    B. 根据企业办公地点的当地法律调整政策
    C. 在每项政策中包含全面法律声明
    D. 由相关领域专家定期审查

D 是正确答案。

理由：

A. 根据最严格的法规调整政策可能给企业带来无法接受的财务负担。此外，还会导致对低风险系统实施与包含敏感客户数据和其他信息的系统同等程度的保护。
B. 如果企业在其他国家/地区或司法管辖区设有办事处或与个人有业务往来，根据企业办公地点的当地法律法规调整政策是不够的。
C. 在每项政策中包含全面法律声明以遵守所有适用法律法规的做法无效，因为政策的读者（内部人员）不会知道哪些声明适用或要求的具体性质。这会导致员工因缺少相关知识而无法执行为实现法律合规性而需要执行的活动。
D. 由了解相关法律法规要求的人员定期审查政策能够最好地确保企业隐私政策符合法律要求，因为他们能够确保政策涵盖所有相关领域。

领域 1 — 隐私治理 (34%)

68. 以下哪一方负责制定程序，首先确定然后维护整个企业内的最新个人信息清单？

    A. 隐私指导委员会
    B. 业务部门经理
    C. 首席隐私官
    D. 记录管理人员

C 是正确答案。

理由：

　　A. 隐私指导委员会负责通过监督和审查，确保在整个企业中有效、一致地应用良好的隐私实务。
　　B. 业务部门经理负责确保他们所负责的人员根据企业的隐私政策和程序及其业务职能和活动范围，恰当地满足隐私要求和缓解隐私风险。他们不负责维护最新的个人信息清单。
　　C. 首席隐私官或隐私经理负责制定程序，首先确定然后维护整个企业内的最新个人信息清单。
　　D. 利用最新的个人信息清单，记录管理人员可以确定正在收集和/或提取的个人信息是否必要，以及是否已实施正确的措施安全地存储和处置这些信息。但是，首席隐私官负责制定程序，首先确定然后维护整个企业内的最新个人信息清单。

69. 以下哪一项**最**可能随时间推移保持不变？

    A. 隐私战略
    B. 隐私标准
    C. 隐私政策
    D. 隐私程序

A 是正确答案。

理由：

　　A. 企业隐私战略更改的可能性最小。隐私战略反映了业务领导层所要求的高层次目标和隐私计划的方向。所有隐私政策、标准和程序都是根据隐私战略制定的。
　　B. 与隐私战略相比，隐私标准更改的频率更高，因为必须经常调整才能适应技术和业务流程的变化。
　　C. 隐私政策会进行调整以适应新的法律法规，或应对新兴技术趋势，通常不需要针对这些更改调整企业隐私战略。
　　D. 隐私程序更改较为频繁，因为必须经常调整才能适应技术和业务流程的变化。

70. 以下哪一项在企业电子商务网站上的隐私声明中**最**为重要？

    A. 有关企业网站信息准确性的免责声明
    B. 有关企业如何保护信息的技术信息
    C. 有关企业将如何使用所收集信息的声明
    D. 有关企业将所收集的信息托管在何处的声明

C 是正确答案。

理由：

  A. 有关网站信息准确性的免责声明可能是谨慎之举，但不直接涉及数据隐私。
  B. 在网站上发布有关如何保护信息的技术细节不是强制要求，并且也不是可取的。
  C. 大多数关于隐私的法律和法规要求披露信息的使用方式。
  D. 声明托管信息的位置不是强制要求。

71. 以下哪一项**最**有可能自主决定？

    A. 隐私程序
    B. 隐私准则
    C. 隐私标准
    D. 隐私政策

B 是正确答案。

理由：

  A. 程序描述工作的完成方式。
  B. 当业务管理层在其控制领域内制定实务时，准则为他们提供应该考虑的建议。因此，它们是自主的。
  C. 标准建立了对人员、流程和技术所允许的操作界限。
  D. 政策定义了管理层的隐私目标及对企业的期望。标准和程序中使用更专业的术语定义这些政策。

72. 确保向员工传达最新隐私政策的**最佳**方式是什么？

    A. 要求新员工同意隐私政策的要求
    B. 定期组织有关隐私政策的培训和意识培训
    C. 通过电子邮件向所有员工传达隐私政策
    D. 在企业网站上传达隐私政策

B 是正确答案。

理由：

  A. 有必要要求新员工同意隐私政策，但应定期而不仅仅是在聘用时通知员工隐私政策的相关更新。
  B. 培训可以通过专门的教室、讲师主导的课程或在线平台进行。员工和数据用户可能需要定期接受培训。这是确保员工接收并理解信息的最佳方式。
  C. 通过电子邮件传达不足以确保所有员工对隐私政策有正确的了解。
  D. 通过网站传达不足以确保所有员工对隐私政策有正确的了解。

领域 1 — 隐私治理 (34%)

73. 以下哪一方负责企业隐私管理决策，以支持企业风险管理委员会的战略决策？

    A. 隐私指导委员会
    B. 首席隐私官
    C. 首席风险官
    D. 隐私经理

A 是正确答案。

理由：

A. 隐私指导委员会负责企业隐私管理决策，以支持企业风险管理委员会的战略决策。
B. 首席隐私官对企业隐私管理计划承担总体责任。PSC 负责企业隐私管理决策，以支持 ERM 委员会的战略决策。
C. 首席风险官在相关情况下提供专家意见，可能被要求不定期加入 ERM 委员会或作为永久成员。PSC 负责企业隐私管理决策，以支持 ERM 委员会的战略决策。
D. 隐私经理总体负责管理整个企业范围的隐私管理工作和活动。PSC 负责企业隐私管理决策，以支持 ERM 委员会的战略决策。

74. 为处理消费者有关隐私保护的投诉，企业**最**应该在以下哪一项中纳入相关程序？

    A. 隐私框架
    B. 应急响应计划
    C. 隐私告知
    D. 隐私信息管理系统

D 是正确答案。

理由：

A. 框架是一个全面的结构，有助于企业实现企业 IT 治理和管理目标，但不会纳入处理消费者投诉的程序。
B. 应急响应计划提供如何应对和管理紧急情况（而非消费者投诉）的准则。
C. 隐私告知是向个人提供其个人数据将如何处理的信息的通知。
D. 隐私信息管理系统是一种信息安全管理系统，用于解决个人可识别信息处理可能引起的隐私保护问题。

75. 在审查企业的隐私政策时，以下哪一项发现**最**令人担忧？

    A. 该政策尚未传达给利益相关方
    B. 该政策不包含适用法律和法规的清单
    C. 该政策包含大量的详细信息
    D. 该政策尚未得到高级管理层的批准

D 是正确答案。

理由：

  A. 政策需要传达给利益相关方，但必须先经高级管理层批准。
  B. 隐私政策必须符合适用的法律和法规，但并不要求在政策中包含适用法律和法规的清单。
  C. 政策是传达管理层意图的高级别文档，程序则更为详细。
  D. 政策必须得到高级管理层和/或董事会的批准。

76. 以下哪一方负责识别和传达隐私威胁和危害及减轻这些威胁和危害所需的步骤？

    A. 首席风险官
    B. 首席信息安全官
    C. 首席隐私官
    D. 业务经理

C 是正确答案。

理由：

  A. 首席风险官负责实施政策和程序，最大限度地减少和管理运营风险。
  B. 首席信息安全官负责实施涉及企业相关信息的所有方面的政策和程序。
  C. 首席隐私官负责识别和沟通隐私威胁、隐私危害、可取行为，以及为减轻威胁和危害所需的变更。
  D. 业务经理负责开发、维护、指导和分配资源以实现组织目标。

77. 以下哪一方**最**有可能负责制定和维护隐私框架？

    A. 隐私指导委员会主席
    B. 董事会
    C. 首席隐私官
    D. 隐私经理

A 是正确答案。

理由：

  A. 隐私指导委员会主席负责制定和维护隐私框架及相关的隐私政策。
  B. 董事会对包括隐私在内的所有事务承担最终责任，但董事会并不负责建立隐私框架。
  C. 首席隐私官对企业隐私计划承担总体责任，但并不负责制定和维护框架。
  D. 隐私经理负责管理分配到的具体的隐私计划管理活动和支持工作。

领域 1 — 隐私治理 (34%)

78. 以下哪一项是隐私框架的主要好处?
    - A. 为利益相关方提供检索所有组织政策最新版本的唯一位置
    - B. 指导隐私专业人员和有责任遵守隐私政策的其他人员查阅可用指南
    - C. 为员工和承包商提供了关于如何遵守适用法律和法规的所有可用指南
    - D. 确保所有组织政策、标准和指南的一致性

B 是正确答案。

理由:
- A. 隐私框架专用于隐私政策、程序和标准,不包含所有组织政策。
- **B. 隐私框架可以用作预留位置,以纳入所有的隐私政策、程序和标准,并将这些政策、程序和标准与已确定的原则联系起来。在实际应用中,隐私框架指导隐私专业人员和有责任遵守隐私政策的其他人员查阅可用指南。**
- C. 隐私框架的目的不仅是遵守适用的法律和法规。
- D. 隐私框架专用于隐私政策、程序和标准,不包含所有组织政策。

79. 以下哪一项是企业隐私审计程序的**主要目标**?
    - A. 确保员工接受相应培训并了解企业隐私相关的控制措施和程序
    - B. 确保对隐私管理计划的有效性进行适当的监控、衡量和报告
    - C. 确保企业已识别适用的法律和合同隐私要求
    - D. 确保管理层妥善审查并解决了隐私风险

B 是正确答案。

理由:
- A. 有必要让员工接受相应培训,但培训只是整个隐私管理计划的一部分。
- **B. 在隐私方面,审计职能部门的主要目标之一是监控、衡量和报告隐私管理计划的有效性。**
- C. 有必要确定企业是否已有效识别适用的法律和合同隐私要求。但是,这只是建立有效隐私管理计划的一步。
- D. 作为审计程序的一部分,审计职能部门要确保管理层妥善识别并解决了隐私风险。但是,仅凭这一点并不能验证隐私管理计划的有效性。

领域 1 — 隐私治理 (34%)

80. 以下哪一方应该具有针对隐私管理领域实务总体的日常决策权？

    A. 首席隐私官
    B. 隐私指导委员会
    C. 隐私经理
    D. 业务经理

C 是正确答案。

理由：

A. 首席隐私官通常担任隐私指导委员会主席并负责制定隐私管理政策和程序。
B. 隐私指导委员会负责审查和批准隐私管理政策和程序。
C. 隐私经理具有针对隐私管理领域实务总体的日常决策权。
D. 业务经理有责任遵守隐私政策、程序和标准。

81. 以下哪一方**最终**负责隐私管理计划的设计和实施？

    A. 首席隐私官
    B. 执行管理层
    C. 隐私指导委员会
    D. 隐私经理

C 是正确答案。

理由：

A. 首席隐私官负责实施和维护隐私管理计划和相关战略。
B. 隐私指导委员会最终负责隐私管理计划的设计和实施战略，并且不能将此职责委派给其他角色。所有问题都应上报至负责隐私管理的适当高级管理人员。
C. PSC 最终负责隐私管理计划的设计和实施战略，并且不能将此职责委派给其他角色。
D. 隐私经理总体负责管理整个企业范围的隐私管理工作和活动。

82. 实现风险管理流程的**最佳**方式是：

    A. 评估会利用漏洞的现实威胁
    B. 审查审计中发现的技术弱点
    C. 比较竞争对手公布的数据丢失统计信息
    D. 对过去 10 年的风险事件进行趋势分析

A 是正确答案。

理由：

A. 只有识别出可能利用企业相关漏洞的现实威胁时，风险管理流程才能发挥最佳作用。
B. 通过审查在审计中发现的技术弱点，能对影响企业的因素有一定了解，但仅凭这一点并不能最有效地实现风险管理。
C. 比较已公布的数据丢失统计信息不一定能识别企业的相关威胁和弱点。
D. 通过对过去 10 年的风险事件进行趋势分析，可能对企业的风险有一定了解，但仅凭这一点并不能最有效地实现风险管理。

领域 1 — 隐私治理 (34%)

83. 向数据主体收集信息的企业应在何时**首先**获得有关使用个人信息的同意?

    A. 在开始数据处理活动时
    B. 在将个人信息用于未说明的目的之前
    C. 在转移个人信息之前
    D. 在开始收集活动之前

D 是正确答案。

理由:

A. 企业应确保在开始收集活动之前已获得适当和必要的同意。如未获得用户同意,则不能将所收集信息用于处理活动。
B. 必须在收集之前,而不是在开始将现有数据用于活动/进行处理之前,获得用户同意。应明确向用户说明,如果在发送同意请求后未收集任何新的用户数据,则将使用他们的现有数据。
C. 企业应确保在向第三方和其他司法辖区转移个人信息之前获得适当和必要的同意。但是,企业应确保在开始收集活动之前获得适当和必要的同意。
D. 企业应确保在开始收集活动之前已获得适当和必要的同意。

84. 以下哪一方负责整个企业范围内隐私管理工作和活动的总体管理?

    A. 首席隐私官
    B. 隐私指导委员会
    C. 隐私经理
    D. 高级管理层

C 是正确答案。

理由:

A. 首席隐私官对企业隐私管理计划承担总体责任。
B. 隐私指导委员会确保在企业的所有方面一致、有效地应用隐私管理。
C. 隐私经理总体负责管理整个企业范围的隐私管理工作和活动。
D. 隐私经理总体负责管理整个企业范围的隐私管理工作和活动。

85. 网络鲸钓攻击**主要**使用以下哪种技术?

    A. 社会工程
    B. 击键监控
    C. 窃听
    D. 对抗性人工智能

A 是正确答案。

理由:

A. 网络鲸钓使用社会工程技术来瞄准企业高管。
B. 击键监控使用间谍软件技术,对通过社会工程进行的网络鲸钓攻击没有用。
C. 窃听通过在隐身模式下监听网络流量实现,对网络鲸钓攻击没有用。
D. 对抗性人工智能使用的是行为技术,可能有助于网络鲸钓攻击,但不是使用的主要技术。

领域 1 — 隐私治理 (34%)

86. 访问与失业津贴相关的交易数据，可能导致以下哪种存在问题的数据操作？

    A. 监视
    B. 重新识别
    C. 污名化
    D. 不合理限制

C 是正确答案。

理由：

　　A. 监视与对数据主体的跟踪或监控有关，不适用于这种情况。
　　B. 如果数据之前已经匿名化处理，则可能出现重新识别的情况。但是，存在更大问题的数据操作是污名化。
　　C. 访问与失业有关的交易数据可能导致污名化，因为这些数据揭示了数据主体失业的信息，人们可能去猜测这个人失去工作的原因。
　　D. 这种情况下并没有屏蔽数据服务，所以不会出现不合理限制问题。

87. 要评估用于缓解已识别隐私风险的保护措施，以下哪一项是**最佳**选择？

    A. 业务影响分析
    B. 供应商风险评估
    C. 隐私影响评估
    D. 隐私重新设计

C 是正确答案。

理由：

　　A. 业务影响分析着眼于风险出现后对企业的影响，不一定是评估隐私风险保护措施的最佳工具。
　　B. 在与第三方签订向企业提供服务的合同时，会采用供应商风险评估。虽然该评估可以识别一些隐私相关风险，但并不是评估隐私风险保护措施的最佳工具。
　　C. 隐私影响评估是一个系统化的过程，可分析信息、识别隐私风险，并评估针对已识别风险的保护措施。
　　D. 隐私重新设计对于评估针对隐私风险的保护措施没有帮助。

88. 以下哪一项是实施有效风险管理流程的**主要**成果？

    A. 消除所有已识别的风险
    B. 可接受的残余风险
    C. 消除固有风险
    D. 优化的隐私影响评估

B 是正确答案。

理由：

　　A. 不是所有已识别风险都能消除。
　　B. 有效的风险管理流程应能将已识别风险降至可接受的残余风险水平。
　　C. 固有风险是无法消除的。
　　D. 有效的风险管理流程不一定会影响隐私影响评估流程的质量。

89. 为下游风险管理开发隐私相关的风险场景时，以下哪一项**最**重要？

    A. 企业的外部环境
    B. 数据隐私意识
    C. 业务影响分析
    D. 明确的功能性需求

D 是正确答案。

理由：

　　A. 企业的内外部环境都有助于开发风险场景。但是，如果不了解对数据的功能性需求，则起不了作用。
　　B. 数据隐私意识很重要，但是，了解对数据的功能性需求更重要。
　　C. 业务影响分析通常用于从业务连续性的角度确定业务流程的优先顺序，对于隐私风险场景的开发可能没有太大作用。
　　D. 明确的功能性需求有助于弄清数据流，并有助于开发隐私相关的风险场景。

领域 1 — 隐私治理 (34%)

90. 以下哪种 Web 应用程序漏洞**最**可能导致敏感信息泄露？

    A. 对表单输入的验证检查不充分
    B. 应用程序中缺少交易审计轨迹
    C. 应用程序团队使用通用的用户凭证
    D. 没有在多次尝试后锁定账户

A 是正确答案。

理由：

    A. 验证检查不充分，可能被跨站点脚本攻击或结构化查询语言注入攻击利用，导致存储在 Web 应用程序中的敏感信息泄露。
    B. 缺少审计轨迹不一定会导致敏感信息泄露。
    C. 应用程序团队使用通用的用户凭证本身不会泄露敏感信息，除非账户被入侵或对身份认证表单的输入验证检查薄弱。
    D. 没有锁定账户不会导致敏感信息泄露。

91. 以下哪一项对实施风险管理流程**最**重要？

    A. 审计委员会记录风险处置中存在的缺陷
    B. 风险管理流程的目的是不断重新验证
    C. 管理层确定已识别风险的所有权
    D. 将隐私影响评估与业务影响分析结合

C 是正确答案。

理由：

    A. 记录风险处置中存在的缺陷很重要，但如果未确定应为风险负责的所有者，就很难实施改进措施。
    B. 如果风险管理流程的目的是不断重新验证，则意味着企业不确定为什么要执行风险管理活动。分配风险所有者有助于为风险管理流程设定情景。
    C. 在管理层确定已识别风险的所有权后，风险管理流程就可以成功实施。
    D. 将隐私影响评估与业务影响分析结合，与风险管理流程的实施无关。

92. 以下哪个漏洞是应用程序容易遭受结构化查询语言注入攻击的**主要**原因？

    A. 会话管理不充分
    B. 输入验证不充分
    C. 加密控制不充分
    D. 输出验证不充分

B 是正确答案。

理由：

    A. 会话管理不充分，不会被结构化查询语言注入攻击利用。
    B. SQL 注入攻击最有可能利用输入验证不充分的应用程序。
    C. 加密控制不充分是指加密/解密能力薄弱，单凭这一点并不会使应用程序容易遭受 SQL 注入攻击。
    D. SQL 注入攻击是针对输入验证，而不是应用程序的输出进行的。

领域 1 — 隐私治理 (34%)

93. 风险管理**主要**是为了将风险降至以下哪个水平？

    A. 无法进一步降低的水平
    B. 与行业最佳实践相当的水平
    C. 企业可接受的水平
    D. 与业界同行相当的水平

C 是正确答案。

理由：

    A. 即使实施了有效的控制措施，也无法完全降低或消除风险。
    B. 最佳实践可以为风险管理计划提供基准指标，但归根结底，风险管理计划应将风险降至企业根据其业务目标和目的设定的可接受水平。
    C. 风险应处于企业可接受的水平，并且不妨碍企业的业务运营。这是风险管理计划的主要目标。
    D. 业界同行可以为风险管理计划提供基准指标，但归根结底，风险管理计划应将风险降至企业根据其业务目标和目的设定的可接受水平。

94. 在应用程序生命周期中嵌入隐私考虑因素时，以下哪一项的风险**最大**？

    A. 误解隐私要求
    B. 发布应用程序编程接口
    C. 实施隐私设计计划
    D. 使用敏捷方法进行隐私整合

A 是正确答案。

理由：

    A. 如果不清楚了解隐私要求，则将隐私考虑因素嵌入应用程序生命周期是徒劳无益的。
    B. 应用程序编程接口 (Application Programming Interface, API) 是软件开发者用来与第三方应用程序进行连接的公开程序库。仅发布 API 并不构成风险，除非发布的 API 存在缺陷和漏洞。发布 API 本身并不会对在应用程序生命周期中嵌入隐私构成威胁。
    C. 实施隐私设计计划可以有效地将隐私考虑因素嵌入应用程序的生命周期中。
    D. 使用敏捷方法进行隐私整合并不构成威胁。

领域 1 — 隐私治理 (34%)

95. 对于处理个人信息的应用程序而言，输入验证模块不充分**最**有可能导致以下哪种攻击？

    A. 高级持久性威胁
    B. 跨站点脚本攻击
    C. 会话劫持
    D. 强制浏览目录

B 是正确答案。

理由：

    A. 高级持久性威胁是指威胁方拥有重要的专业知识和资源，可以使用多个攻击途径反复攻击目标，直到成功为止。虽然这可能是一个被利用的漏洞，但最可能造成该威胁的不是输入验证模块不充分。

    B. 只有在处理个人信息的应用程序内输入验证不充分时，才有可能发生跨站点脚本攻击。

    C. 会话劫持是指攻击者接管用户会话时发生的攻击。最可能造成这种情况的原因不是输入验证模块不充分。

    D. 强制浏览目录不是输入验证不充分造成的主要结果。

96. 以下哪一项是隐私影响评估的主要目标？

    A. 评估第三方的隐私泄露处理程序
    B. 确定正在调查的隐私泄露的根本原因
    C. 消除与隐私泄露相关的风险
    D. 评估与隐私泄露相关的风险

D 是正确答案。

理由：

    A. 虽然评估泄露处理程序可能是隐私影响评估的一部分，但并不仅限于第三方，也不是隐私影响评估的主要目标。

    B. 隐私影响评估不能确定隐私泄露的根本原因。

    C. 隐私影响评估无法消除与潜在隐私泄露相关的风险。

    D. 隐私影响评估旨在评估与隐私泄露相关的风险，以便企业能够更好地应对风险。

领域 1 — 隐私治理 (34%)

97. 以下哪一项对实施有效风险管理流程的贡献**最大**？

    A. 企业内的利益相关方
    B. 提供关键服务的主要供应商
    C. 指定的外部风险顾问
    D. 第三道防线参与控制的实施

A 是正确答案。

理由：

   A. 在企业内的利益相关方参与风险管理时，能够进行责任归属和协作，从而形成有效的风险管理流程。
   B. 主要供应商的参与很重要，但如果所有利益相关方都不参与，风险管理流程将不会有效。
   C. 指定的外部风险顾问的参与很重要，但如果所有利益相关方都不参与，风险管理流程将不会有效。
   D. 第三道防线不应参与控制的实施。

98. 下面哪一项会造成与数据隐私实施相关的**最大**漏洞？

    A. 人员
    B. 网络
    C. 软件
    D. 流程

A 是正确答案。

理由：

   A. 人员会造成最大的漏洞，因为他们的动机可能不明确。此外，员工也有可能未接受相应培训或缺乏技术技能，从而造成数据隐私风险。
   B. 网络漏洞会带来挑战。但是，较之人员造成的漏洞，该漏洞可以采取可变因素更少的方式予以解决。
   C. 软件漏洞会带来挑战。但是，较之人员造成的漏洞，该漏洞可以采取可变因素更少的方式予以解决。
   D. 流程中的漏洞会带来挑战。但是，较之人员造成的漏洞，该漏洞可以采取可变因素更少的方式予以解决。

领域 1 — 隐私治理 (34%)

99. 以下哪一种漏洞会对正在处理敏感个人信息的应用程序造成**最大**的影响?

    A. 已知的安全漏洞
    B. 未检测到的后门
    C. 生物特征识别
    D. 会话令牌

B 是正确答案。

理由:

   A. 与未检测到的漏洞相比,解决和修复已知安全漏洞更轻松。
   B. 后门不易检测和修复,并且对处理敏感个人信息的应用程序影响最大,因为在应用程序审计时需要花费大量精力。
   C. 生物特征识别可能造成漏洞,但不会影响处理敏感个人信息的应用程序。
   D. 会话令牌可能造成漏洞,但不会影响处理敏感个人信息的应用程序。

100. 基于风险的数据隐私方法**主要**有助于:

    A. 做出明智的决策
    B. 风险管理职能部门保持一致
    C. 增加风险资源分配
    D. 优化业务影响分析

A 是正确答案。

理由:

   A. 基于风险的数据隐私方法向管理层和决策者凸显相关风险,因此他们能够做出明智的决策。
   B. 基于风险的数据隐私方法有助于各风险管理职能部门在各自的领域开展工作,但不能使风险管理职能部门保持一致。
   C. 基于风险的数据隐私方法可能可以优化资源,但不一定会增加风险资源配置。
   D. 基于风险的数据隐私方法能够凸显相关风险并促进决策,但不一定能够优化业务影响分析。

领域 1 — 隐私治理 (34%)

101. 确保隐私合规培训有效的**最佳**方式是：

    A. 确保员工每年至少接受两次培训
    B. 确保将隐私政策和程序发布到公司的内联网
    C. 衡量是否由于培训而减少了隐私事件
    D. 测试员工是否理解并遵守要求

D 是正确答案。

理由：

A. 员工应该持续接受培训，但如果无法证明员工理解并遵循培训目的，培训就没有效果。
B. 员工应可随时获取隐私政策和程序，以便能够查看这些政策和程序并确保他们按照既定程序执行任务。但是，这种可用性并不能衡量隐私培训的有效性。
C. 隐私事件减少是表明隐私合规培训有效的一个良好指标。但是，测试能更好地向管理层证明隐私合规培训有效。
D. 确保隐私合规培训有效的最佳方式是测试员工，确保他们理解并遵守要求。如果员工不理解培训内容，他们很可能无法遵守隐私控制措施和要求。

102. 验证隐私意识活动有效性的**最佳**方式是：

    A. 执行隐私审计，审查隐私培训和意识计划
    B. 制定衡量隐私意识活动成果的指标
    C. 启动隐私影响评估
    D. 进行隐私事件响应桌面演练

B 是正确答案。

理由：

A. 通过隐私审计可能发现隐私培训和意识计划中的缺陷，但不能提供有关有效性的信息。
B. 企业应通过制定指标衡量隐私培训和意识计划的有效性，这些指标可作为确定教育活动有效性的晴雨表。
C. 执行的隐私影响评估应作为设计隐私管理计划（包括培训计划）的依据。但是，隐私影响评估不能用来衡量隐私意识活动的有效性。
D. 隐私事件响应桌面演练可用于衡量员工对隐私事件响应程序的了解，但不能衡量隐私意识活动的整体有效性。

领域 1 — 隐私治理 (34%)

103. 以下哪一项能够**最**有效地减少恶意攻击者可用于窃取隐私信息的攻击面?
    A. 漏洞管理计划
    B. 隐私政策和程序
    C. 终端加密
    D. 基于角色的访问控制

A 是正确答案。

理由:

A. 有效的漏洞管理计划可以通过及时修复已知漏洞,减少恶意实施者可以利用的攻击面。
B. 隐私政策和程序可为员工提供指导,但对减少攻击面没有作用。
C. 终端加密有助于保护数据,但对减少攻击面没有作用。
D. 基于角色的访问控制对减少攻击面没有作用。

104. **大多数**隐私法律和法规通常会界定以下哪一项数据主体权利?
    A. 数据主体免费享有访问个人数据的权利
    B. 必须按照数据主体请求的格式提供个人数据的副本
    C. 必须随时应数据主体的请求更改个人数据
    D. 必须应数据主体的请求随时删除个人数据

A 是正确答案。

理由:

A. 大多数隐私法律和法规都要求,必须免费提供数据主体个人数据的第一份副本。
B. 个人数据必须以结构化、通用和机器可读的格式提供,但不一定要以数据主体指定的格式提供。
C. 只有错误的数据才需要纠正,不需要仅因数据主体的请求而更改数据。
D. 有一些例外情况,例如因法律索赔的发起、行使或辩护而需要这些数据,但这种情况并不如免费提供个人数据副本常见。

105. 以下哪一项是企业告知网站访问者会跟踪其信息并将信息用于营销目的的最佳方式?
    A. 隐私政策
    B. 隐私标语
    C. 隐私告知
    D. 隐私护盾

C 是正确答案。

理由:

A. 隐私政策是一份内部文件,说明管理层关于公司隐私的意图。
B. 如果隐私标语不允许访问者反对出于营销目的而处理其相关个人数据,则它是不全面的。
C. 网站有义务通过隐私告知提醒访问者,他们的信息会被用于营销目的,且访问者有权反对出于营销目的而处理其个人数据。
D. 隐私护盾是美国和瑞士的隐私监管框架名称,并非用来告知最终用户将如何使用其数据。

领域 1 — 隐私治理 (34%)

106. 一家医疗企业计划设计一个新数据库，旨在对患者及患者护理进行行政监督。在向数据主体请求许可时，该企业应采取的**第一步**是什么？

    A. 在开始收集数据之前，就应获取客户对其个人数据进行预期处理的同意
    B. 执行数据保护影响评估，以评估预期处理的风险
    C. 通过隐私告知提醒数据主体，企业将建立一个新数据库
    D. 持续收集患者信息，以免妨碍患者的护理和安全

B 是正确答案。

理由：

    A. 根据定义，收集个人医疗数据即处理敏感数据，因此需要征得数据主体的同意。但企业应首先了解新数据库的影响和风险，以便客户在适当知情后再予以同意。
    B. 在征求数据主体的同意前，企业必须了解新数据库所带来的影响和风险，以便将该信息有效传达给数据主体。
    C. 隐私告知可能有助于传达有关建立新数据库的计划，但企业应首先了解新数据库的影响和风险，以便客户在适当知情后再予以同意。
    D. 需要征得数据主体的同意才能收集数据。

领域 2 — 隐私架构 (36%)

1. 一家企业在考虑部署云计算，可接受把个人信息存储在云端的风险。以下哪种是**最好**的云部署模式，能够为这些信息提供更好的隐私保护？

    A. 公有云
    B. 私有云
    C. 社区云
    D. 混合云

B 是正确答案。

理由：

   A. 公有云的用户很多，企业对保护个人信息的控制措施缺乏充分的治理。
   B. 私有云模式只为企业运行，企业能够进行监督，以确保对个人信息隐私实施适当的控制措施。
   C. 社区云无法让企业充分治理控制措施，因此无法确保个人信息得到适当保护。
   D. 混合云无法让企业充分治理控制措施，因此无法确保个人信息得到适当保护。

2. 如果就职的企业在云端存储个人信息，隐私从业人员**最**关心的问题是什么？

    A. 云服务提供商法律办公室所在的国家/地区
    B. 已实施哪些控制措施来保护云端信息
    C. 是否签订了保密协议
    D. 云服务提供商处理和存储数据的地点

D 是正确答案。

理由：

   A. 云服务提供商法律办公室所在的国家/地区不影响适用的隐私法律。
   B. 控制措施是安全经理而不是隐私从业人员最关心的问题。
   C. 保密协议是合同中规定的要求，但隐私从业人员最关心的是适用的法律。
   D. 云服务提供商处理和存储数据的地点是隐私从业人员最关心的问题，因为从业人员需要确保在执行适用隐私法律的国家/地区存储和处理个人数据。

领域 2 — 隐私架构 (36%)

3. 以下哪项措施能够**最有效**地保护数据免受嗅探攻击?
   A. 网络接口控制器处于混杂模式
   B. 密码文件受到保护
   C. 仅使用同轴电缆进行网络传输
   D. 所有传输的数据均已加密

D 是正确答案。

理由:

   A. 即使将网络接口控制器设置为混杂模式,数据也可能被截获。如果信息未加密,就可能被攻击者读取和利用。
   B. 受保护的密码文件仍然可能被截获。如果密码信息未加密,就可能被攻击者读取和利用。
   C. 使用的电缆类型不会影响嗅探攻击截获数据的成功率。
   D. 嗅探攻击是指利用旨在捕获网络数据包的应用程序,通过截获来窃取数据。加密传输即使被截获,也无法被识别,因此,该措施能够最有效地保护数据。

4. 以下哪一个选项**最准确**地描述了当发现无效证书时必须采取的恰当行动?认证机构应当:
   A. 签发新密钥对来验证证书
   B. 重新认证来自该个人的所有文档
   C. 将证书加入证书撤销清单
   D. 重新签发根据旧证书生成的所有文档

C 是正确答案。

理由:

   A. 新密钥对必须在新证书有效时签发,而不是在证书无效时签发。
   B. 认证机构不会对所有文档进行重新认证。
   C. 当证书失效时,最佳做法是将证书加入证书撤销清单。
   D. 认证机构不会重新签发旧证书下的所有文档。

5. 从隐私的角度而言,将日志生成纳入系统设计的**最主要**原因是什么?
   A. 保存系统内执行的所有操作的证据
   B. 及早检测出系统处理的数据滥用或误用情况
   C. 便于在系统损坏的情况下恢复信息
   D. 在发生欺诈后进行调查

B 是正确答案。

理由:

   A. 虽然可以跟踪系统内执行的活动,但这不是在设计隐私相关的系统时将日志记录和监控纳入其中的主要原因。
   B. 通过日志和监控,可以及早检测系统处理的数据滥用或误用情况,让企业能够及时采取措施。
   C. 虽然可以从日志中检索系统信息,但从隐私的角度来看,这不是使用日志的主要原因之一。
   D. 日志可以跟踪使用系统执行的欺诈行为,但从隐私的角度来看,这不是使用日志的主要原因。

领域 2 — 隐私架构 (36%)

6. 从信息安全和隐私的角度来看,以下哪一项**最**适合归类为第一道防线?

    A. 应用程序变更控制
    B. 进入应用程序时的数据验证
    C. 用户识别和身份认证
    D. 创建备份副本

C 是正确答案。

理由:

   A. 应用程序变更控制在验证系统的访问权限后执行,所以不是第一道防线。
   B. 数据验证是进入系统后执行的控制,所以不是第一道防线。
   C. 识别和身份认证是第一道防线,因为识别和身份认证可以防止对计算机系统或信息资产进行未经授权的访问。
   D. 创建备份副本是保护信息的最后控制措施之一,所以不是第一道防线。

7. 以下哪种计算基础设施的初始设置成本**最高**?

    A. 自主管理型
    B. 基于云
    C. 托管服务
    D. 主机托管

A 是正确答案。

理由:

   A. 在自主管理型基础设施中,企业需要承担搭建隐私架构的每个部分的成本。因此,初始设置成本是所有选项中最高的。
   B. 由于企业使用第三方提供服务,因此基于云的基础设施初始设置成本通常较低。
   C. 在托管服务数据中心,第三方会承担部分初始设置成本。
   D. 在主机托管数据中心,第三方会承担部分初始设置成本。

8. 信息和数据合规团队应在哪个阶段参与,以最大程度地为安全开发生命周期做出贡献?

    A. 需求收集
    B. 设计和编码
    C. 安全测试
    D. 应用程序发布

A 是正确答案。

理由:

   A. 为确保收集安全和隐私需求并将其落实到系统架构中,信息和数据合规团队应在安全开发生命周期的初始阶段参与进来,以最大程度地发挥其作用。
   B. 隐私需求是在设计和编码阶段考虑的事项,不过需要先以适当的方式进行收集,而后再充分整合。
   C. 在搭建架构或产品构建前,就应收集隐私需求。在产品的测试期间才去了解隐私要求,有可能导致大量返工或需求遗漏,此时已来不及最大程度地发挥作用。
   D. 等到发布时才了解隐私和安全要求,不仅成本高而且效果差。

领域 2 — 隐私架构 (36%)

9. 攻击者能够从包含最终用户信息的测试和开发环境中检索数据。以下哪种加固技术能够**最**有效地防止这种攻击演变成严重隐私泄露?

    A. 数据分类
    B. 数据字典
    C. 数据混淆
    D. 数据规范化

C 是正确答案。

理由:

   A. 数据分类与在测试环境或其他连接系统(如呼叫中心)中存储数据无关。
   B. 数据字典与元数据有关,而元数据在生产和测试环境中保持不变。
   C. 个人和商业数据在用于内部测试周期时,通常会混淆处理。这样可以最大限度地减少攻击中暴露的数据,是防止其演变成严重隐私泄露的最佳方式。
   D. 数据规范化在隐私泄露的情况下并无帮助。

10. 在尝试阻止犯罪活动时,数据隐私专业人员**最**关注的是以下哪项控制措施?

    A. 监控摄像头
    B. 持续照明
    C. 死锁
    D. 声音探测器

A 是正确答案。

理由:

   A. 记录和存储个人的图像和影像属于威慑性控制措施,由于收集了信息,因此对数据隐私的影响最大。这是数据隐私专业人员最关注的问题。
   B. 持续照明可阻止犯罪活动,但该技术不会捕获个人信息和图像。
   C. 死锁是预防性控制措施,可阻止犯罪活动,但该技术不会捕获个人信息和图像。
   D. 声音探测器可阻止犯罪活动,但该技术不会捕获个人信息和图像。

11. IP 安全通信发生在开放系统互联模型的哪一层?

    A. 应用层
    B. 会话层
    C. 传输层
    D. 网络层

D 是正确答案。

理由:

   A. 应用层与超文本传输协议/传输控制协议 (Hypertext Transfer Protocol/Transmission Control Protocol, HTTP/TCP) 等应用协议有关。
   B. 会话层与 HTTP/TCP 等应用协议有关。
   C. 传输层与 TCP/用户数据报协议 (User Datagram Protocol, UDP) 等数据通信协议有关。
   D. IP 安全通信发生在开放系统互联模型的网络层。

领域 2 — 隐私架构 (36%)

12. 以下哪项是选择加密算法时的**最佳**衡量标准？

    A. 实施成本
    B. 业务风险
    C. 技术可用性
    D. 政府规定

B 是正确答案。

理由：

   A. 必须考虑成本，但业务风险是主要驱动因素。
   B. 应根据可能对业务产生不利影响的风险场景选择加密算法。
   C. 在选择加密算法时可能要考虑可用性，但业务风险是主要驱动因素。
   D. 政府规定是其中一个考虑因素，但处理方式与其他业务相似。

13. 以下哪一项**最**准确地描述了非对称加密中服务器密钥与安全外壳协议 (Secure Shell, SSH) 客户端密钥的关系？

    A. SSH 客户端的公钥在服务器上注册，SSH 客户端的私钥在用户的机器上注册
    B. SSH 客户端的公钥在服务器上注册，SSH 客户端的公钥在用户的机器上注册
    C. SSH 客户端的私钥在服务器上注册，SSH 客户端的公钥在用户的机器上注册
    D. SSH 客户端的私钥在服务器上注册，SSH 客户端的私钥在用户的机器上注册

A 是正确答案。

理由：

   A. 在非对称加密中，任一方只需要一对密钥（私钥和相应的公钥）。公钥是自由分发的，可以置于服务器上。
   B. 公钥不在用户的机器上注册。
   C. 私钥不在服务器上注册，公钥不在用户的机器上注册。
   D. 私钥不在服务器上注册。

14. 在确定删除日志前的保留时间时，**主要**考虑因素是什么？

    A. 查明哪些用户访问过系统所需的时间
    B. 审查应用程序执行中发生的错误所需的时间
    C. 验证特权账户对数据库所做的更改所需的时间
    D. 审查对系统或应用程序环境进行的更改所需的时间

C 是正确答案。

理由：

   A. 为发现异常操作，应定期审查日志。通常，在审查系统访问情况时，会对多次尝试登录的用户或因多次尝试而被系统锁定无法登录的账户进行分析。通常不会关注只尝试一次就能访问系统的用户。
   B. 应用程序中的错误会在发生后立即予以调查，因此不能作为决定日志保留周期的理由。
   C. 日志持久化是指数据在创建流程完成后仍然存续。系统管理员是风险最大的角色，所以日志保留时间必须足以审查拥有特权账户的用户所做的更改。
   D. 系统或应用程序发生更改后，应立即进行审查，因此不是决定日志保留周期的理由。

领域 2 — 隐私架构 (36%)

15. 以下哪一项**最**准确地描述了控制和命令服务器使用端口 80 进行通信的风险？

    A. 防火墙可能允许该操作，因为端口 80 用于域名系统区域传输
    B. 防火墙可能允许该操作，因为端口 80 用于网站浏览
    C. 入侵检测系统可能检测不到该端口，因为该端口用于网站浏览
    D. 入侵检测系统可能检测不到该端口，因为该端口用于域名系统区域传输

B 是正确答案。

理由：

　A. 用于域名系统 (Domain Name System, DNS) 区域传输的通常是传输控制协议，通常会设置为端口 53。
　B. 由于端口 80 是超文本传输协议通信的默认端口，因此通常是开放的。这使得使用该端口进行的通信容易遭到攻击。
　C. 即使潜在攻击穿过了防火墙，入侵检测系统 (Intrusion Detection System, IDS) 也能够检测到。
　D. IDS 不用于 DNS 区域传输。

16. 以下哪一项能够让企业对数据中心的数据保护拥有**最**大程度的控制？

    A. 基于云
    B. 托管服务
    C. 主机托管
    D. 自主管理型

D 是正确答案。

理由：

　A. 基于云的数据中心意味着企业将部分或全部运营承包给第三方。这意味着企业将对系统的部分控制交给了第三方提供商。
　B. 托管数据中心是在第三方数据中心服务提供商处（异地）部署、管理和监控的数据中心模式。这意味着企业将对系统的部分控制交给了第三方提供商。
　C. 在主机托管数据中心，企业租用空间，但自行提供和管理自己的组件。虽然企业对数据中心仍有很大程度的控制，但在使用向第三方租用的空间时，还是会失去部分控制。
　D. 自主管理型数据中心的主要优势之一是企业拥有对系统全方位的控制（包括数据保护原则），因为企业在本地自行管理数据中心。

领域 2 — 隐私架构 (36%)

17. 在一次攻击中，A 企业域名系统缓存服务器中服务器 X 的 IP 地址被分配为 B 企业 Web 服务器上的 IP 地址和完全限定域名。在两家企业的员工使用各自的 DNS 缓存服务器时，对于哪方用户会被无意中引导至服务器 X，以下哪一项描述**最**准确？

    A. 尝试访问 B 企业 Web 服务器的 B 企业员工
    B. 尝试访问 B 企业 Web 服务器的 A 企业员工
    C. 尝试访问 A 企业 Web 服务器的 B 企业员工
    D. 尝试访问 A 企业 Web 服务器的 A 企业员工

B 是正确答案。

理由：

    A. B 企业员工尝试访问 B 企业的 Web 服务器时，不会被引导至虚假网站。
    B. 域名系统缓存中毒是一种攻击方法，由于将虚假缓存数据注册在 DNS 服务器，所以能够将用户引导至虚假网站。由于虚假数据被注册在 A 企业的缓存中，因此 A 企业的员工会被引导至服务器 X。
    C. B 企业员工尝试访问 A 企业的 Web 服务器时，不会被引导至虚假网站。
    D. A 企业员工尝试访问 A 企业的 Web 服务器时，会被引导至虚假网站。

18. 在使用访问者的 Cookie 提供的信息向潜在客户发送广告邮件时，以下哪一项是**最**值得关注的数据隐私问题？

    A. Cookie 所跟踪的数据内容
    B. 有关使用 Cookie 的免责声明
    C. 所跟踪数据的匿名化
    D. 使用 Cookie 的来源

D 是正确答案。

理由：

    A. 比起 Cookie 所跟踪的数据内容，使用 Cookie 本身更值得关注。
    B. 网站可能需要披露 Cookie 的使用，但如果未得到将 Cookie 用于营销和广告目的的许可，这只是次要的关注问题。
    C. 对所跟踪的数据进行匿名化是一种很好的做法，应该予以考虑。但是，使用 Cookie 本身更值得关注。
    D. 由于第三方 Cookie 的使用可能受到诸如欧盟《一般数据保护条例》法规的限制，因此将 Cookie 用于营销和广告目的的依据是其来源。

领域 2 — 隐私架构 (36%)

19. 在域名系统服务器中毒时，**最**应关注以下哪一项？
    A. 用户被路由至错误的网站
    B. 用户的 IP 地址被删除
    C. 用户无法通过其 IP 地址访问组织
    D. 用户被拒绝访问远程服务器

A 是正确答案。

理由：

   A. 在域名系统中毒时，用户会被定向至一个虚假网站，而无法访问他们打算访问的组织网站。
   B. DNS 中毒不会直接更改用户的 IP 地址。
   C. DNS 中毒不会直接更改组织的 IP 地址。
   D. DNS 中毒不一定会影响对远程服务器的访问。

20. 以下哪一项**最**准确地描述了使用发送方政策框架的目的？
    A. 通过使用发送方电子邮件服务器附加到电子邮件的数字证书，来确定目的地的域名是否正确
    B. 通过让接收方的电子邮件服务器对发送方的域名数据与电子邮件发送方的互联网协议地址进行比较，确保发送方的域名不被伪造
    C. 不考虑标准或 IP 地址，在接收方的电子邮件服务器上将所有电子邮件文件数据存档
    D. 暂停发送电子邮件，直到发送方的电子邮件服务器得到电子邮件发送方主管的批准

B 是正确答案。

理由：

   A. 发送方电子邮件服务器的操作与发送方政策框架 (Sender Policy Framework, SPF) 无关。
   B. SPF 通过让接收方的电子邮件服务器对发送方的域名数据与电子邮件发送方的互联网协议地址进行比较，确保发送方的域名不被伪造。
   C. 电子邮件存档不是 SPF 的功能。
   D. 发送方电子邮件服务器的操作与 SPF 无关。

领域 2 — 隐私架构 (36%)

21. 要确保对云服务提供商进行适当的持续监控,以下哪一项**最**重要?

    A. 在合同中加入审计权条款
    B. 对供应商执行详尽的尽职调查
    C. 每周接收服务水平协议报告
    D. 确立并实施合适的指标

D 是正确答案。

理由:

  A. 审计权条款使签约方有权对云服务提供商遵守合同义务的流程进行审计。但是,该条款并没有规定保持持续监控的方式。
  B. 详尽的供应商尽职调查有助于签约方衡量供应商的风险,确定供应商遵守所需的隐私需求,但是,这无助于保持持续的监控流程。
  C. 有必要定期及时接收服务水平协议报告,但只有在制定合适指标的情况下才会有效。
  D. 选择并实施合适的指标有助于企业对云服务提供商的绩效和既定隐私要求的遵守情况保持适当的持续监控。

22. 以下哪种技术堆栈**最**能帮助企业在数据处理过程中出现故障时快速恢复?

    A. 基于云
    B. 自主管理型
    C. 托管服务
    D. 主机托管

A 是正确答案。

理由:

  A. 在基于云的基础设施中,云端有充分的冗余,可以在处理过程中出现故障时快速恢复。同时,虚拟机的安装和配置也相对简单,可以在数据处理过程中出现故障时实现快速恢复。
  B. 自主管理型数据中心从故障中恢复的时间较长。
  C. 托管服务数据中心从故障中恢复的时间较长。
  D. 主机托管数据中心从故障中恢复的时间较长。

领域 2 — 隐私架构 (36%)

23. 在新软件开发项目中，以下哪一项是最大限度地减少未来安全和隐私问题的**最佳**方式？

    A. 执行全面的用户测试
    B. 在编码之前构建安全的设计
    C. 执行渗透测试
    D. 执行静态代码分析

B 是正确答案。

理由：

　　A. 非常有必要进行用户测试，但是，就隐私目的而言，更重要的是在开发的设计阶段开始时就纳入隐私保护。
　　B. 构建安全的设计能够在设计阶段纳入控制或对策和保护措施，从而最大限度地减少未来的安全和隐私问题。
　　C. 渗透测试有助于识别潜在漏洞，但为了最大限度地减少新软件开发项目中未来的安全和隐私问题，应在设计阶段就纳入隐私保护。
　　D. 只有在安全设计的前提下构建应用程序，静态代码分析才有效。

24. 在与云服务提供商进行合同谈判时，以下哪一项是企业**最**需要了解的？

    A. 在发生暴露了敏感信息的服务水平违规事件时，将退还的金额
    B. 云服务提供商采用哪些具体的监控工具来识别潜在的公司敏感数据泄露
    C. 有关云服务提供商的连续性计划及其连续性测试结果的详细信息
    D. 云服务提供商的责任范围，以及如何确保企业应用程序及这些系统中的数据安全

D 是正确答案。

理由：

　　A. 服务违规的成本很重要，但是，如果不明确具体的角色和责任，则无从得知服务违规。
　　B. 云用户通常不会关注提供商采用的具体工具。
　　C. 尽管这一点很重要，但是在很多方面都需要明确了解各方的具体职责，连续性计划只是其中的一个方面。
　　D. 了解签约方和云服务提供商之间的责任范围，是确定在数据关系存续期间各方具体角色和责任的关键所在。

领域 2 — 隐私架构 (36%)

25. 如果个人计算机 (Personal Computer, PC) 和服务器之间的 IP 安全通信采用高级加密标准算法，则**必须**将以下哪个密钥用于数据加密？

    A. PC 拥有的私钥
    B. PC 和服务器之间共享的公用密钥
    C. PC 拥有的公钥
    D. 服务器拥有的公钥

B 是正确答案。

理由：

A. 高级加密标准 (Advanced Encryption Standard, AES) 不仅仅使用个人计算机所拥有的私钥。
B. 因为 AES 使用对称式密钥加密法，所以必须使用 PC 和服务器之间共享的公用密钥。
C. AES 不仅仅使用 PC 拥有的公钥。
D. AES 不仅仅使用服务器拥有的公钥。

26. 以下哪一项**最**能够发起域名系统劫持攻击？

    A. 拦截计算机与 Web 服务器之间的会话并提取数据
    B. 从隐藏的来源发送大量请求以停止网络服务
    C. 访问 Web 页面并入侵被禁止的目录
    D. 在权威的 DNS 服务器上注册虚假数据

D 是正确答案。

理由：

A. 拦截计算机与 Web 服务器之间的会话并提取数据指的是中间人攻击。
B. 从隐藏的来源发送大量请求以停止网络服务指的是拒绝服务攻击。
C. 访问 Web 页面并入侵被禁止的目录指的是目录遍历攻击。
D. 域名系统劫持是指攻击者在权威的 DNS 服务器上注册虚假数据，将用户定向到虚假网站。

27. 以下哪个数据中心选项提供即时可扩展性？

    A. 自主管理型
    B. 托管服务
    C. 主机托管
    D. 基于云

D 是正确答案。

理由：

A. 自主管理型数据中心通常需要团队采购、配置和保护扩展系统所需的硬件，需要投入时间和资源来完成。
B. 托管服务数据中心通常需要团队采购、配置和保护扩展系统所需的硬件，需要投入时间和资源来完成。
C. 主机托管数据中心通常需要团队采购、配置和保护扩展系统所需的硬件，需要投入时间和资源来完成。
D. 使用基于云的数据中心，企业可以根据需要增加或减少购买的空间，所以几乎不需要投入时间或资源就能够根据业务需求进行横向或纵向扩展。

领域 2 — 隐私架构 (36%)

28. 以下哪一项**最**有助于检测与不断移动的数据相关的潜在数据泄露？

    A. 监控数据处理行为的重要方面
    B. 在将个人数据转移到非生产环境之前，先识别和保护个人数据
    C. 把数据存储在一个位置，并在物理介质上存储备份副本
    D. 在系统和大数据环境之间移动数据之前对数据进行加密

B 是正确答案。

理由：

A. 虽然监控数据处理行为的重要方面有助于最大限度地减少泄露，但可能无法充分确保不断移动的数据的隐私。

B. 为了检测和监控数据泄露，应采用的一个做法是制定针对已识别信息资产的控制措施。因此，在将个人数据转移到任何地方之前，特别是转移到非生产环境之前，对其进行识别和保护有助于保护敏感的信息资产和数据。如果向非生产环境提供生产数据，则通过制定控制措施可以防止敏感数据意外暴露，从而避免在这些环境中发生泄露。

C. 把数据保存在一个位置并在物理介质上存储备份副本，是一种保护措施。虽然介质通常位于不同的位置，在数据丢失时可以从这些位置进行恢复，但这种保护措施不足以确保不断移动的数据的隐私。

D. 加密非常适用于使用无法破译的字符串来代替敏感数据，这种字符串对于想要突破边界和网络防御的攻击者毫无用处。加密可以为不断移动的数据提供保护，但不能实现对潜在数据泄露的检测和监控。

29. 哪种云计算部署模式**最**适合寻求低风险等级云服务的单个企业？

    A. 社区云
    B. 公有云
    C. 私有云
    D. 混合云

C 是正确答案。

理由：

A. 社区云部署通常供多家企业共享，并且支持具有共同使命或兴趣的社区。
B. 公有云面向一般公众或大型行业组织，数据可能存储在未知位置。
C. 私有云最适合单个企业，可由企业或第三方管理。这种模式的风险最小。
D. 混合云包含两种或多种云（私有、社区或公有），在混合云中，独立的实体通过能实现数据和应用程序可移植性的标准化或专有技术绑定在一起。

领域 2 — 隐私架构 (36%)

30. 以下哪一项**最**有可能造成滥用个人可识别信息的风险?

    A. 自主管理型数据中心
    B. 基于云的数据中心
    C. 托管服务数据中心
    D. 主机托管数据中心

B 是正确答案。

理由:

  A. 在自主管理型数据中心,企业对数据拥有最大程度的控制,因此应按照业务规则处理个人可识别信息被滥用的风险。
  B. 在基于云的数据中心,虚拟机和物理主机可能创建在任意环境和系统中。这可能导致滥用个人可识别信息。
  C. 托管服务数据中心仍然允许企业对其系统拥有一定程度的管理控制,因此滥用的风险较低。
  D. 在主机托管数据中心,企业自行提供组件,因此与基于云的中心相比,不太可能造成信息滥用的风险。

31. 技术堆栈内的系统访问日志中应禁止包含以下哪类信息?

    A. 个人可识别信息
    B. 成功的访问尝试
    C. 数据访问的时间戳
    D. 会话持续时间

A 是正确答案。

理由:

  A. 在系统访问日志中包含个人可识别信息可能导致隐私信息泄露。因此,所有系统的系统访问日志在设计上应禁止包含这些信息。
  B. 在系统访问日志中包含成功的访问尝试,可在不损害隐私的情况下为解决事件提供支持。
  C. 在系统访问日志中包含数据访问的时间戳,可在不损害隐私的情况下为解决事件提供支持。
  D. 在系统访问日志中包含会话持续时间,可在不损害隐私的情况下为解决事件提供支持。

领域 2 – 隐私架构 (36%)

32. 某企业正在为其 DevOps 计划评估哪类云服务模式最适合用于支持使用编程语言和工具将应用程序部署到云基础设施上。以下哪一项是符合该企业需求的**最佳**服务模式?

    A. 平台即服务
    B. 软件即服务
    C. 基础设施即服务
    D. 信息及相关技术的控制目标即服务

A 是正确答案。

理由:

   A. 平台即服务可以由客户使用提供商支持的编程语言和工具将创建或获得的应用程序部署到云基础设施上,非常适合 DevOps 计划。
   B. 软件即服务提供的是可从各种客户端设备通过 Web 浏览器等瘦客户端接口访问的应用程序,不支持使用客户方使用的编程语言在云基础设施上进行部署。
   C. 基础设施即服务提供处理、存储和其他基本计算资源,不支持使用客户方使用的编程语言在云基础设施上进行部署。
   D. 信息及相关技术的控制目标即服务并非云计算服务模式。

33. 采用强制访问控制的**主要**优点之一是什么?

    A. 用户可以根据需要修改或配置访问控制
    B. 可以根据数据所有者的决定激活或修改保护
    C. 只有管理员可以更改资源类别

C 是正确答案。

理由:

   A. 强制访问控制 (Mandatory Access Control, MAC) 不允许用户修改或配置控制。
   B. MAC 不允许数据所有者激活或停用保护。
   C. MAC 不会影响物理访问控制。

34. 一家全球性的分销公司已确定使用云服务提供商 (Cloud Service Provider, CSP) 符合其战略,目前正在与 CSP 进行合同谈判。以下哪一项属于签约方的责任?

    A. 配置物理数据中心、硬件和网络基础设施
    B. 对访问云环境的系统、设备、应用程序、硬件和软件工具的安全管理
    C. 多租户身份管理和访问控制
    D. 服务连续性计划和测试

B 是正确答案。

理由:

   A. 配置物理数据中心、硬件和网络基础设施是云服务提供商的责任。
   B. 系统、设备、应用、硬件和软件工具属于云用户的内部部署技术,因为它们访问云环境。因此,这是云用户的责任。
   C. 多租户身份管理和访问控制是云服务提供商的责任。
   D. 服务连续性计划和测试是云服务提供商的责任。

领域 2 — 隐私架构 (36%)

35. 为确保提供适当的数据保护，以下哪一项是自带办公设备政策中应当包含的**最重要**的内容？

    A. 出于安全目的，跟踪所有设备的物理位置
    B. 关于可接受的使用、允许的功能和应用程序的详细信息
    C. 关于企业数据分类和丢失防护政策的详细信息
    D. 限制各类设备的数据使用量

B 是正确答案。

理由：

A. 设备的物理位置无法确保提供数据保护。
B. 在考虑自带办公设备政策时，必须包含关于可接受的使用、允许的功能和应用程序的详细信息，以确保正确处理可能通过这些终端访问的企业信息。
C. 数据分类和丢失防护一般由其他政策规定，适用于所有访问企业信息的设备。
D. 数据使用由用户配置文件确定且因不同的业务需求而异，可能包含在该政策中，但是无法直接解决数据保护问题。

36. 在为企业远程用户选择虚拟专用网络 (Virtual Private Network, VPN) 时，以下哪一项是**主要**考虑因素？

    A. 不良行为者监控共享信息的能力
    B. 无法在多台设备上使用 VPN
    C. 用户隐私因加密而受到侵犯
    D. 防范基于互联网的攻击，如恶意软件或病毒

D 是正确答案。

理由：

A. 通过加密，虚拟专用网络能够防止不良行为者监控共享的信息，这是一种优点，而不是风险。
B. VPN 可以在笔记本电脑、移动设备和平板电脑等多种设备上使用。
C. 加密可以加强用户隐私，降低隐私受侵犯的可能性。
D. 虽然 VPN 提供了用户和企业网络之间的安全连接，但无法防范基于互联网的攻击，如恶意软件或病毒。

领域 2 — 隐私架构 (36%)

37. 某组织的数据库在运行过程中被一名新入职的监控人员重新启动。以下哪一项控制能够**最**有效地防止未来发生这种情况？

    A. 限制对其他应用程序系统的访问权限
    B. 添加生物识别的认证
    C. 授予用户基于功能的访问权限
    D. 授予用户基于角色的访问权限

D 是正确答案。

理由：

　　A. 监控代理端需要访问生产系统才能顺利履行工作职能。
　　B. 如果不将用户的权限限制在与其工作相关的职责范围内，添加双因素认证仍然无法防止该用户重新启动系统。
　　C. 基于功能的访问权限难以维护，不是最适用于这种情况的选择。
　　D. 基于角色的访问控制能够限制用户的访问权限，让他们仅能访问顺利执行任务所需的信息和系统。在本例中，基于角色的访问控制可防止该人员重新启动数据库。

38. 某企业会发放计算机、电话和平板电脑，协助员工履行工作职能。哪一项陈述**最**准确地描述了为确保这些设备安全且网络受到保护，企业应采取的行动？

    A. 监控用户的活动，在发现异常情况时向企业发出告警
    B. 确保企业的所有数据都按照数据分类政策进行分类
    C. 为最终用户提供企业有关访问权限和可接受使用政策的安全培训
    D. 配置访问企业网络的设备，并确保已安装适当的软件和应用程序

D 是正确答案。

理由：

　　A. 用户活动很重要，但这更多的是保护设备安全的被动措施。
　　B. 数据分类不能确保设备的适当安全性。
　　C. 最终用户培训很重要，但不能保证设备安全。
　　D. 适当的配置、软件和应用程序是保护员工所用设备安全的主动措施。

领域 2 — 隐私架构 (36%)

39. 在利用云环境时，以下哪项在保护核心基础设施和数据中心的安全方面负有**最**主要的责任？

    A. 云服务提供商
    B. 云用户
    C. 首席信息安全官
    D. 内部审计职能部门

A 是正确答案。

理由：

A. 由于核心基础设施和数据中心是云服务提供商产品组合的一部分，因此 CSP 有责任确保这一点。
B. 云用户使用 CSP 是为了使用 CSP 的核心基础设施和数据中心。因此，CSP 负责保护这些基础设施和数据中心的安全。
C. 首席信息安全官负责识别和保护企业信息，而不是物理环境。
D. 内部审计对控制的有效性提供独立证明，不负责物理环境。

40. 由于出现了全球大流行病，某区域性培训组织让所有签约培训师和员工在家办公。在公司数据被远程访问时，以下哪种解决方案是保护数据的**最佳**方法？

    A. 允许家庭用户对企业信息拥有广泛的访问权限
    B. 要求承包商签署保密协议并同意可接受使用政策
    C. 通过使用虚拟专用网络加密 IT 流量
    D. 审查与云服务提供商签订的合同，确保合同涵盖远程办公员工

C 是正确答案。

理由：

A. 允许广泛的访问权限会增加数据泄露风险，并且违反特权访问管理 (Privileged Access Management, PAM)，并非最好的解决方案。
B. 所有用户，而不仅仅是承包商，都应签署适当的协议并遵守组织政策。
C. 虚拟专用网络为计算机或网络之间的数据提供安全的沟通机制，是最佳选择。
D. 云服务可以通过多种设备访问，但确保员工的访问安全是企业的责任。

41. 以下哪一项能**最**有效地优化日志记录？

    A. 将信息存储在云端
    B. 每天对日志文件进行备份
    C. 每月删除日志
    D. 利用事件关联性

D 是正确答案。

理由：

A. 将信息存储在云端并不能减轻处理多个来源的信息、速度下降和资源消耗的问题。
B. 日志备份并不能改善系统的性能，而且如果在备份后删除了部分信息，可能妨碍对信息的分析。
C. 删除日志并不能解决性能和容量的问题，而且由于没有完整的信息，反而会影响数据分析。
D. 关联多个来源的事件可改进日志审查，也更容易识别重要的个别事件。

42. 从实施供应商处接收系统后,网络管理员**首先**应该采取的行动是什么?

    A. 更改供应商提供的密码
    B. 升级所有设备的固件
    C. 为所有组件修补已知漏洞
    D. 查询提供的文档

A 是正确答案。

理由:

   A. 应采取的第一步是更改供应商提供的所有密码或默认密码,并删除或更换所有默认账户,确保数据得到保护。
   B. 应在系统实施时进行固件升级。
   C. 应在接收前修补已知漏洞。
   D. 阅读供应商提供的文档可能有用。但是,这不是首先应该采取的行动。

43. 以下哪些组件是特权访问管理的一部分?

    A. 本地管理账户、域管理账户和服务账户
    B. 基础设施即服务、平台即服务和软件即服务的账户
    C. 硬件、软件、网络和人员
    D. 访问管理器、会话管理器和密码管理器

D 是正确答案。

理由:

   A. 本地管理账户、域管理账户和服务账户是三种账户类型,不属于组件。其他账户类型包括活动目录或域账户和应用程序账户。
   B. 基础设施即服务、平台即服务和软件即服务账户都与云服务有关。
   C. 硬件、软件、网络和人员是计算基础设施的核心组件。
   D. 访问管理器、会话管理器和密码管理器是特权访问管理的三个主要组件。

44. 某企业将开发环境、测试环境、过渡环境和生产环境作为安全开发生命周期的一部分。服务器管理员应**首先**修补以上哪个环境?

    A. 过渡
    B. 测试
    C. 生产
    D. 开发

A 是正确答案。

理由:

   A. 服务器管理员应修补预生产环境以便为用户验收测试做准备,这是行业最佳实践的一部分。
   B. 测试环境通常由测试团队控制和管理。可能出现应用程序正在测试中的情况,在这种情况下不需要进行修补。
   C. 在生产前未经测试的情况下,不应修补生产环境。
   D. 开发环境通常由开发团队控制和管理。可能出现正在进行构建的情况,在此时对开发环境进行修补并不重要。

领域 2 — 隐私架构 (36%)

45. 从隐私的角度来看，数据日志最主要的是能够识别：

    A. 系统中的安全漏洞
    B. 系统崩溃后的重建系统进程
    C. 侵犯隐私权的人员
    D. 尚未应用的会计事项

A 是正确答案。

理由：

A. 隐私专业人员会预期能够从数据日志中找到可识别安全漏洞的信息，为之后的取证分析提供支持。
B. 日志可以识别系统内执行的事务，并有助于确定失败的原因，但不能提供重建失败流程所需的所有信息。
C. 日志有助于识别侵犯隐私权的用户，但是，这与侵犯行为的实施者未必为同一个人，因为身份可能被伪造或窃取。
D. 日志不是用于核算表的工具。针对此事项，财务系统必须提供会计记录所提供的数据和记录。

46. 在实际搬迁后，一箱正在使用的硬盘和其他存储设备被送到了同一设施中错误的办公室地址。如果设备被未经授权的用户使用，哪种控制措施能**最**有效地减少对数据的影响？

    A. 管理用户对关键数据的访问权限
    B. 加密本地硬盘和存储设备
    C. 对设备箱进行密码保护
    D. 向磁盘添加射频识别跟踪

B 是正确答案。

理由：

A. 在这种情况下，管理用户访问权限并不能保护数据。
B. 静态存储的数据应进行加密，使这些数据在没有解密算法详细信息和密钥的情况下无法读取。如果用户试图使用被送到错误地点的设备，此方法可减少数据泄露的影响。
C. 保护设备箱提供了一道普通防线，可防止未经授权的用户访问数据。但是，一旦设备级密码被破解，数据还是会失去保护。因此，加密才能提高安全性。
D. 射频识别设备可以帮助公司定位设备，但不能保护数据。

领域 2 — 隐私架构 (36%)

47. 安全运营中心突出显示了一条日志，表明已离职一个多月的数据库管理员能够访问组织的关键数据库。数据隐私专业人员**最**有可能建议采取以下哪项措施来防止未来发生这种情况？

    A. 在前任管理员离职时删除其账户
    B. 根据组织政策定期审查所有账户
    C. 对管理账户使用双因素认证
    D. 使用特权访问管理器来监控活动

B 是正确答案。

理由：

    A. 有关雇佣终止时移除访问权限的内容应在组织政策中规定。
    B. 隐私政策规定的定期审查可确保员工无法再访问他们因角色变化或雇佣终止而不再需要访问的系统。
    C. 添加双因素认证仍然不能防止离职的员工访问数据库。
    D. 配置特权访问管理解决方案是为了允许管理用户拥有无限制的访问权，除非同时在组织政策中规定了限制访问。

48. 在编写代码之前，哪项建模技术能**最**有效地降低计算机系统中的潜在攻击风险？

    A. 基于脆弱性的建模
    B. 威胁建模
    C. 数据建模
    D. 监控建模

B 是正确答案。

理由：

    A. 基于脆弱性的建模并不能确保在开发流程中纳入安全性。
    B. 威胁建模有助于在系统交付后最大限度地减少安全缺陷，所以应该在编写代码之前进行。
    C. 数据建模的范围仅限于组织数据的安全性。
    D. 监控建模不会影响安全开发程序。

49. 企业的安全与隐私计划应该是：

    A. 基于各系统的风险概况
    B. 基于使用的开发方法
    C. 统一用于整个企业的所有产品
    D. 基于适用的法规要求

C 是正确答案。

理由：

    A. 基于各系统风险概况的隐私计划会导致该计划受制于系统所有者的意见。
    B. 系统的开发和部署可以使用不同的方法，但企业仍然需要确保将安全和隐私嵌入这些方法中。
    C. 如果没有统一的计划，下游系统可能成为隐私泄露的起因。无论规模大小、价值高低，系统都应遵守组织层面制定的安全和隐私准则。
    D. 法规要求有一定影响，但并非隐私和安全计划的唯一依据。

领域 2 — 隐私架构 (36%)

50. 定义系统访问权限的主要原因是什么？

    A. 方便用户访问特定数据库
    B. 管理用户查看或修改系统中数据的访问权限
    C. 允许用户进入计算机中心
    D. 加强系统内的身份认证方法

B 是正确答案。

理由：

  A. 为系统访问提供方便取决于访问控制，而不是系统访问权限。
  B. 访问权限是指用户的技术特权，包括读取、创建、修改或删除系统中文件或数据的权利。
  C. 用户进入许可由访问控制系统确定，而不是系统访问权限。
  D. 加强身份认证方法与识别和身份认证有关，与系统的访问权限无关。

51. 以下哪一项是最终用户报告移动应用程序安全或安装问题的**最佳**方法？

    A. 移动应用程序商店应提供报告问题的渠道
    B. 最终用户应拨打支持热线报告问题
    C. 用户应将详细情况通过电子邮件发送给 IT 安全团队
    D. 应用程序应提示用户报告任何问题

D 是正确答案。

理由：

  A. 应用程序商店上架了许多开发商提供的应用程序。通过移动应用程序商店报告并非报告安全或安装问题的最有效方法。
  B. 支持热线可能有用，但是可能无法让最终用户享受最佳体验，而且他们可能被要求提供不熟悉或不知道如何访问的数据。
  C. IT 安全团队最终会处理这个问题。但是，不太适合将他们的信息提供给面向公众的应用程序。
  D. 设计良好的应用程序会允许用户在应用程序中报告问题，包括在共享设备日志之前征得用户的同意。

52. 以下哪种方法能**最**有力地支持企业在所有部署的系统中实现假名化？

    A. 数据保护设计
    B. 安全的设计和开发
    C. 动态数据掩码
    D. 隐私设计

D 是正确答案。

理由：

  A. 数据保护是隐私设计方法的一部分。
  B. 安全的设计和开发可确保遵循隐私设计，但不是控制因素。
  C. 动态数据掩码是隐私设计所使用的技术之一。
  D. 隐私设计可确保企业中的所有系统都遵循共同的理念和/或安全和隐私政策。

领域 2 — 隐私架构 (36%)

53. 从隐私的角度来看，使用监控和日志记录的**主要**原因之一是什么？

    A. 跟踪经理在财务系统中进行的交易
    B. 识别信息和系统的问题、滥用和误用
    C. 恢复系统崩溃后丢失的信息
    D. 调查人力资源系统中的欺诈

B 是正确答案。

理由：

   A. 虽然日志可以用来跟踪经理在系统中进行的活动，但这并不是针对隐私相关的问题使用日志记录和监控的主要原因之一。
   B. 使用日志和监控可以及早检测系统处理的数据滥用或误用情况，让企业能够及时采取措施。
   C. 虽然可以从日志中检索系统信息，但从隐私的角度来看，这不是使用日志的主要原因之一。
   D. 日志可以跟踪使用系统执行的欺诈行为，但从隐私的角度来看，这不是使用日志的主要原因之一。

54. 在 DevOps 功能中实施监控系统的**主要**原因是什么？

    A. 促进敏捷的冲刺监控
    B. 在技术测试阶段检测编码错误
    C. 审查软件开发人员编写代码的逻辑
    D. 提醒团队注意应用程序中的异常情况

D 是正确答案。

理由：

   A. 冲刺监控通过项目管理和使用敏捷方法执行。
   B. 编码错误由编程语言本身进行检测。此活动不使用监控。
   C. 为检测逻辑错误，源代码的修改由程序员直接进行。监控不包括此功能。
   D. 监控会使用应用程序指标来衡量性能管理，并能够在发生应用程序性能相关问题时提醒 DevOps 团队。

55. 定期执行日志分析的**主要**好处是什么？能够：

    A. 检测恶意活动，如持续的攻击
    B. 控制系统内 IT 人员的进出
    C. 迅速应对新出现的网络攻击
    D. 保留系统内的所有交易信息

A 是正确答案。

理由：

   A. 使用日志记录的主要好处之一是能够通过分析系统行为来检测开发中可能出现的攻击。
   B. 控制人员进出系统并不是日志记录的最佳用途。
   C. 日志记录可以检测网络攻击，但无法应对网络攻击，必须使用防火墙等其他安全设备来应对攻击。
   D. 日志记录可以获取和存储数据用作分析，但日志的功能并非存储系统产生和处理的所有信息。

领域 2 — 隐私架构 (36%)

56. 实施网络级监控时，检测可疑流量模式的**最佳**方式是什么？

    A. 在网络上部署反恶意软件模块
    B. 在网络上部署 Wi-Fi
    C. 在网络上安装入侵检测系统
    D. 在网络中安装数据加密模块

C 是正确答案。

理由：

   A. 反恶意软件可以检测恶意软件，但不能检测可疑的流量模式。
   B. Wi-Fi 有助于电脑连接互联网，但无法保护网络免受破坏网络安全的恶意入侵。
   C. 安装在网络中的入侵检测系统可用于检测可疑的流量模式。
   D. 数据加密模块可以保护信息，防止未经授权的人员查看，但无法检测恶意流量。

57. 系统访问日志**最**有可能保存什么信息？

    A. 访问系统时出现的错误信息
    B. 对应用程序参数的更改
    C. 关于会话持续时间的信息
    D. 应用程序所做的数学计算

C 是正确答案。

理由：

   A. 访问系统时的故障由错误日志，而不是访问日志进行记录。
   B. 与应用程序参数修改相关的信息由变更日志存储。
   C. 访问日志会记录每个用户的会话持续时间。
   D. 应用程序所做的数学计算不会存储在日志中。

58. 在企业中实施身份识别和访问管理框架的**主要**原因之一是什么？

    A. 控制用户对企业内部关键信息的访问
    B. 记录应用程序执行过程中发生的错误
    C. 记录与系统更新相关的事件
    D. 记录对数据库所做的更改

A 是正确答案。

理由：

   A. 通过身份识别和访问管理 (Identity and Access Management, IAM)，IT 经理能够控制用户对关键信息的访问。
   B. IAM 的目的不是记录应用程序中的错误，而是着重于电子或数字身份管理。
   C. IAM 不记录对系统所做的更新。这些信息由日志保存。
   D. IAM 不记录对数据库所做的更改。这些信息由日志保存。

领域 2 — 隐私架构 (36%)

59. 主要使用哪种信息来确立系统的逻辑安全性？
    A. 用户的职务和职位
    B. 审计所建议的权限
    C. 用户在企业中的资历
    D. 用户的工作职能

D 是正确答案。

理由：

A. 逻辑安全性并非由用户在公司中的职位确定。例如，高级领导层不需要访问系统中的所有信息，只需要访问与其工作职能相关的信息。
B. 权限并非由审计师确定。
C. 一个人在企业中的工作年限并不能使其获得对系统的更多访问权限，访问权限由工作职能来确定。
D. 逻辑安全性通常根据用户需要执行的工作职能来确定。

60. 以下哪一项是防止恶意实施者调试金融机构应用程序的**最佳**方法？
    A. 越狱检测
    B. 防篡改
    C. 仿真器检测
    D. 令牌化

B 是正确答案。

理由：

A. 越狱检测不允许安装应用程序，但如果已经安装，则不会阻止用户调试应用程序。
B. 需要结合多种技术来保护应用程序的安全，其中一种技术必须能够防止恶意攻击者调试应用程序代码。
C. 仿真器检测不会阻止用户调试应用程序。
D. 令牌化用于保护数据，没有防止应用程序被调试的作用。

61. 以下哪一项**最**适合归类于物理访问控制？
    A. 令牌
    B. 数字签名
    C. 生物特征识别
    D. 密码

C 是正确答案。

理由：

A. 令牌用于与访问密钥结合以进入系统。因此，它们被归类为逻辑访问控制。
B. 数字签名不属于访问控制。
C. 生物特征识别被归类为物理访问控制，因为这类技术使用一个人的生物特征来进行识别，如指纹、掌纹和面部扫描。
D. 密码属于逻辑访问控制。

62. 定义用户的访问配置文件时，以下哪一项是**首要**考虑因素？

    A. 用户的权限级别
    B. 用户办公室的位置
    C. 用户可以访问的信息
    D. 用户的资历

C 是正确答案。

理由：

   A. 权限级别不能决定系统访问权限。
   B. 用户的位置不能决定系统访问权限。
   C. 要定义用户的系统访问配置文件，必须考虑访问需求。这包括用户在执行其工作职能时可以访问的信息。
   D. 用户的资历不能决定系统访问权限。

63. 将服务外包给第三方时，以下哪一项是应考虑的**最**重要的风险？

    A. 尚未定义第三方所需的访问权限类型
    B. 尚未定义第三方将在哪里开展工作
    C. 尚未定义第三方将使用的计划和程序
    D. 第三方没有报告一段时间内的工作小时数

A 是正确答案。

理由：

   A. 承包给供应商时，存在第三方未经授权访问信息的风险。因此，有必要明确定义第三方对信息和信息处理网站的访问权限类型，以减轻这种风险。
   B. 企业需要知道第三方将在哪里开展工作，但未定义信息访问权限级别更令人担忧。
   C. 尽管应确立计划和程序，但未定义信息访问权限级别更令人担忧。
   D. 如果第三方没有及时报告工作小时数，可能影响服务的支付，但不属于运营相关风险。

64. 删除访问权限时，应评估的**主要**风险因素是什么？

    A. 员工或企业是否发起了雇佣关系终止
    B. 员工的工作职能是否暂由同事履行
    C. 员工是否改变工作小时数
    D. 员工是否请病假

A 是正确答案。

理由：

   A. 应制定在员工即将退休或在企业内变更岗位或被企业终止雇佣关系时删除其访问权限的政策。如果未及时删除离职员工的访问权限，该员工在离职后可能访问机密的组织信息。
   B. 员工请假并不意味着需要取消其访问权限，只是暂时中止这些权利，并分配给代替该员工履行职能的人。
   C. 如果员工改变工作时间表，并不意味着需要取消其访问权限。
   D. 如果员工生病请假，应暂时中止其访问权限，直到员工重返工作岗位。

领域 2 — 隐私架构 (36%)

65. 以下哪个角色是导致日志记录被篡改的**最大**风险？

    A. 开发人员
    B. 基础设施人员
    C. 业务领域人员
    D. 管理员

D 是正确答案。

理由：

A. 为开发人员定义的角色很少包括访问日志，甚至不需要查阅。
B. 基础设施人员有权查阅日志，但他们的权限不得包括更改或删除日志。
C. 业务领域人员通常有权查阅日志，以跟进与其职能有关的交易，但他们不得拥有修改或删除日志的权限。
D. 负责管理系统或应用程序的管理员一般不能更改或删除关于其职责范围的日志。但是，如果配置不当，管理员可能有权更改或删除超出其职责范围的日志。

66. 在与第三方签订的合同中，以下哪一项是应当包含的**最**重要的信息？

    A. 身份识别和访问管理信息存放在单个存储库中，便于审计时查阅
    B. 审计第三方为提供服务实施的安全控制的权利
    C. 向承包商的审计师提供访问权限，以便他们访问 IAM 管理的信息
    D. 授予第三方审计师权限，以便他们在需要时访问所需的信息

B 是正确答案。

理由：

A. 提供信息以供业务参考（包括供审计师参考）是身份识别和访问管理的一般功能，因此无须在与第三方的合同中说明。
B. 合同应包含审计第三方提供的服务的权利，这应作为一项强制性要求。
C. 为承包商的审计师提供 IAM 访问权限是不合适的，因为审计师应仅在审计时访问所需的信息，无须永久访问 IAM 管理的所有信息的权限。
D. 这也是 IAM 的一般功能，不需要在合同中特别说明。另外，由信息所有者负责授予信息的访问权限。信息所有者必须向第三方提供这一信息，该第三方管理 IAM 以实现其在系统中的参数化。

领域 2 — 隐私架构 (36%)

67. 以下哪一项**最**准确地描述了由受信任的第三方颁发的证书？

    A. 将公钥绑定到个人或组织
    B. 可证明消息的真实性
    C. 可促进安全的电子商务交易
    D. 可防止密文攻击

A 是正确答案。

理由：

A. 证书将公钥绑定到个人或组织，可确保颁发证书的人员身份真实。
B. 证书并不能直接证明消息的真实性。要验证真实性还需要其他工具。
C. 证书并不能直接促进安全的电子商务。要实现安全的电子商务，需要一个能够验证双方身份的应用程序。
D. 证书并不能直接防止密文攻击。

68. 以下哪一项是入侵检测系统的**主要**功能？

    A. 快速处理加密，以减轻服务器负载
    B. 识别外部相关方的可疑访问
    C. 渗透到内部网络以检测漏洞
    D. 通过生物特征识别用户，以防止未经授权的访问

B 是正确答案。

理由：

A. 入侵检测系统不提供加密和解密。
B. IDS 可以使用位于网络入口的数据包签名来识别未经授权的访问。
C. 检测漏洞是渗透测试的功能，不是 IDS 的功能。
D. IDS 不向用户提供访问权限。

69. 微波传感器**最**能代表哪种类型的控制？

    A. 预防性
    B. 制止性
    C. 检测性
    D. 补偿性

C 是正确答案。

理由：

A. 传感器可以检测异常情况，但不能直接防止威胁。
B. 传感器的存在可能阻止某些行为，但其主要功能是检测异常情况。
C. 微波传感器最能代表检测性控制，因为系统可以检测环境中的异常情况，并在识别异常后发送警报。
D. 传感器通常不用作补偿性控制。

领域 2 — 隐私架构 (36%)

70. 以下哪一项**最**准确地描述了认证机构的职能?
    A. 注册存储库
    B. 接收消息
    C. 分发文章
    D. 验证用户的身份

A 是正确答案。

理由:

    A. 认证颁发机构会注册存储库。
    B. 认证颁发机构本身不会接收消息,但消息传递系统会接收。
    C. 认证颁发机构不会分发文章,但消息传递系统会分发。
    D. 认证颁发机构不会验证用户的身份,但身份认证系统会验证。

71. 企业为什么要将"蜜罐"放在具有易受攻击的系统的内部网络中?
    A. 建立有边界的安全区域
    B. 分析关键系统日志
    C. 调查入侵者行为
    D. 识别恶意软件特征

C 是正确答案。

理由:

    A. 隔离区用于建立有边界的安全区域。
    B. 安全信息与事件管理系统用于分析关键系统日志。
    C. 之所以将"蜜罐"放在具有易受攻击的系统的内部网络中,其中一个原因是评估入侵者或黑客的行为。
    D. 防病毒系统用于识别恶意软件特征。

72. 以下哪一项是使用第三方 Cookie 时**最**大的顾虑?
    A. 通信会话被拦截
    B. 间接对用户授权
    C. 用户击键可能被记录
    D. 计算机可能被恶意软件感染

B 是正确答案。

理由:

    A. 通信拦截与黑客攻击尝试有关,不受使用第三方 Cookie 的影响。
    B. 使用第三方 Cookie 时,最大的顾虑是间接对用户授权。第三方 Cookie 可能无意中跟踪用户访问,而未经用户授权。
    C. 按键记录器与黑客攻击尝试有关,与使用第三方 Cookie 无关。
    D. 第三方 Cookie 不一定会导致恶意软件感染。

领域 2 — 隐私架构 (36%)

73. 攻击者尝试使用泄露的用户身份认证信息（这些用户对多个系统 ID 使用相同的身份认证信息）登录网络时，**最**有可能发生以下哪一种攻击？

    A. 穷举攻击
    B. 密码列表攻击
    C. 逆向穷举攻击
    D. 彩虹表攻击

B 是正确答案。

理由：

A. 穷举攻击试图使用全字母组合方式来检测密码，而不是泄露的身份认证信息。
B. **密码列表攻击指的是攻击者尝试使用包含用户身份认证信息的密码列表登录网络，这些用户在其他系统/服务中使用相同的密码。多个 ID 使用相同的密码是一个严重的问题。**
C. 逆向穷举攻击是穷举攻击的一种类型，使用多个用户名的通用密码来获得访问权限。
D. 彩虹表攻击指的是攻击者使用原始密码的哈希值对存储在彩虹表中的哈希值进行攻击，进而识别密码。

74. 以下哪一项**最**准确地描述了使用椭圆曲线加密法保护数据隐私的原因？

    A. 使用比 RSA 更短的密钥长度实现相同等级的保护
    B. 使用对称密钥加密验证、加密和解密数据
    C. 证明有强大的能力，不会被穷举攻击破坏
    D. 能够实现公钥解密，以保持数据机密性

A 是正确答案。

理由：

A. **椭圆曲线加密法使企业能够使用比 RSA 更短的密钥长度实现相同等级的保护。**
B. 椭圆曲线加密法通常使用非对称加密。
C. 没有证据表明椭圆曲线加密法可以防止穷举攻击。
D. 椭圆曲线加密法的解密密钥是私有的。

75. 当物联网 (Internet of Things, IoT) 设备使用端口 23 时，以下哪一项是**最**大的担忧？

    A. 被恶意软件感染的电子邮件被发送到设备
    B. 成功地在未经授权的情况下登录设备
    C. 识别网络访问控制列表
    D. 互联网上的语音通信被截取

B 是正确答案。

理由：

A. 即使 IoT 设备将端口 23 用作运行协议，恶意软件也会被设备中的反恶意软件阻止。
B. **物联网设备将端口 23 用作运行协议。在保留默认设置的情况下，发生未经授权的访问和登录的概率较大。**
C. 即使 IoT 设备将端口 23 用作运行协议，访问控制列表也不会被直接访问。
D. 即使 IoT 设备将端口 23 用作运行协议，互联网上的语音通信也不会被截取。

领域 2 – 隐私架构 (36%)

76. 通过网站（包括 Cookie）收集隐私数据时，以下哪一项是**最**重要的概念？

    A. 建立程序加密
    B. 披露系统配置
    C. 获得用户的接受
    D. 维护网页完整性

C 是正确答案。

理由：

    A. 收集隐私数据时，数据加密比程序级别的加密更重要。
    B. 系统配置与收集隐私数据无关。
    C. 收集隐私数据时，最重要的概念是用户接受，并且这可能是某些法律法规的强制要求。
    D. 网页不应无意间被修改，但这并不是严格意义上的隐私问题。

77. 以下哪一项是使用静电检测系统的**最**大好处？它可以：

    A. 识别各种目标
    B. 监控广阔的区域
    C. 检测高速物体
    D. 在高湿度环境中工作

A 是正确答案。

理由：

    A. 静电检测系统可以检测多种类型的目标，如水、油和生物。
    B. 静电检测系统只能覆盖狭窄的区域。
    C. 静电检测系统无法检测高速物体。
    D. 湿度会影响静电检测系统。

78. 以下哪一项**最**准确地描述了加密算法遭到破坏时的影响？

    A. 加密系统不再符合当地法规
    B. 技术增强会削弱强加密技术
    C. Web 加密系统得到改进
    D. 通信电路增强，使加密/解密速度变慢

B 是正确答案。

理由：

    A. 算法遭到破坏不一定会影响合规性。
    B. 较高的计算速度可能削弱加密强度。当算法遭到破坏时，就会发生这种情况。
    C. 算法遭到破坏不会影响或改进 Web 加密系统。
    D. 算法遭到破坏不受网络电路增强的影响。

领域 2 — 隐私架构 (36%)

79. 在网络安全中使用互联网协议伪装的**主要**目的是什么?

    A. 隐藏内部私有地址
    B. 防止有特定攻击目标的威胁
    C. 连接不同网段中的设备
    D. 防止垃圾邮件攻击

A 是正确答案。

理由:

A. 互联网协议伪装可以隐藏内部私有 IP 地址,使其不被互联网访问。此外,还可以转换传输控制协议和用户数据报协议的端口号。
B. IP 伪装本身无法阻止有特定攻击目标的威胁。
C. IP 伪装不支持不同网段中的安全设备连接。
D. IP 伪装不能防止垃圾邮件攻击。垃圾邮件过滤程序可以防止垃圾邮件攻击。

80. 以下哪一项**最**准确地描述了与 Web 浏览器中的 Cookie 相关的固有风险?

    A. 可快速重新访问已经访问过的网站
    B. 可识别用户的应用程序服务器位置
    C. 可发起分布式拒绝服务攻击
    D. 访问的网站被跟踪

D 是正确答案。

理由:

A. Cookie 是在用户首次访问网站时收集的,但加载和重新访问网站的速度与风险无关。
B. Cookie 无法识别应用程序服务器。
C. Web 浏览器中的 Cookie 不会导致分布式拒绝服务攻击。
D. Cookie 可以在获得或未获得用户同意的情况下跟踪用户访问的网站。

领域 2 — 隐私架构 (36%)

81. 以下哪一项**最**有助于隐私架构师了解系统、协议和数据保护方法与数据隐私架构的关系？

    A. 开放系统互连模型
    B. 企业基础设施模型
    C. 数据机密性的设计方法
    D. 个人数据技术架构

D 是正确答案。

理由：

   A. 开放系统互连 (Open Systems Interconnection, OSI) 模型是一个概念模型，用于描述和标准化电信或计算系统的通信功能，不涉及其内部结构和技术。然而，这对数据隐私架构没有帮助。
   B. 企业架构 (Enterprise Architecture, EA) 是定义企业结构和运营的概念性蓝图。企业架构的目的是确定企业如何有效地实现当前和未来的目标。EA 层次非常高，因此有助于隐私工程师了解系统、协议和数据保护方法与数据隐私架构的关系。
   C. 隐私设计是用于创建新技术和系统的一种方法，可确保从一开始就将隐私嵌入开发流程中。这并不一定能帮助隐私工程师了解系统、协议和数据保护方法与数据隐私架构的关系。
   D. 数据隐私的实施可能受到特定于隐私的 IT 架构采用的技术的影响。从技术角度了解这些系统、协议和数据保护方法非常关键，因为它们是技术堆栈的一部分。

82. 以下哪一项**最**准确地描述了隐私影响评估的结果？

    A. 验证安全漏洞的影响
    B. 通过减少对个人信息的滥用来缓解不合规风险
    C. 缓解有关个人信息的安全问题
    D. 验证隐私设计控制措施

D 是正确答案。

理由：

   A. PIA 仅对安全控制措施进行有限的验证，因为它侧重于隐私而非安全。
   B. PIA 并不能缓解不合规风险，而是有助于识别不合规风险。
   C. PIA 并不能缓解安全问题，而是有助于识别与安全相关的不合规风险。
   D. PIA 可用于验证隐私设计控制措施。

83. 攻击者能够使用虚拟化软件在其笔记本电脑上运行企业的移动应用程序，从而收集有关应用程序处理终端用户信息的痕迹。以下哪种加固技术能够**最**有效地防止此类情况再次发生？

    A. 仿真器检测
    B. 越狱检测
    C. 入侵检测
    D. 策略检测

A 是正确答案。

理由：

  A. **仿真器检测是一种行业标准，可确保终端用户数据不会遭到破坏。这种技术可以最好地防止此类攻击。**
  B. 越狱检测与此无关，因为攻击者不是在移动设备上实施攻击，而是在虚拟化软件上。
  C. 入侵检测无助于防止此类攻击。
  D. 策略检测无助于防止此类攻击。

84. 使用公钥基础设施加密时，提供身份认证的是：

    A. 公钥
    B. 私钥
    C. 数字证书
    D. 证书存储区

C 是正确答案。

理由：

  A. 公钥确保只有私钥所有者可以解密使用相应公钥加密的内容，但不提供身份认证。
  B. 私钥有助于提供机密性，因为只有私钥所有者才能解密使用相应公钥加密的内容，但不提供身份认证。
  C. **数字证书用于验证公钥所有者的身份。**
  D. 证书存储区仅提供相关的证书历史记录。

85. 攻击者能够找到应用程序的身份认证和授权应用程序编程接口，并使用被入侵的设备生成调用来执行交易。哪种基于应用程序的加固技术可以**最**有效地防止此类攻击？

    A. 数据混淆
    B. 代码混淆
    C. 代码安全和隐私审查
    D. 数据安全和隐私审查

B 是正确答案。

理由：

  A. 数据混淆对屏蔽数据有用，但如果攻击者能够自由调用应用程序编程接口，数据混淆则无效。
  B. **代码混淆可以最好地防止代理利用被入侵的 API 来完成攻击。**
  C. 代码安全审查不能阻止攻击者利用被入侵的 API。
  D. 数据安全审查不能阻止攻击者利用被入侵的 API。

领域 2 — 隐私架构 (36%)

86. 以下哪种方法**最**有助于支持人员在不共享个人可识别信息的情况下使用应用程序中的数据集？

    A. 加密
    B. 令牌化
    C. 替代
    D. 数据掩码

D 是正确答案。

理由：

   A. 加密最常用于保护静态数据。
   B. 令牌化允许授权用户将令牌关联到交易，从而获得原始数据。
   C. 替代是一种数据掩码技术，但只是可采用的一种技术。
   D. 需要与测试、培训和支持人员共享数据时，最常使用数据掩码。例如，对于使用信用卡付款的企业，通常的做法是仅显示前六位和后四位数字，用"叉"替代其余数字。

87. 对于使用隐私设计方法的应用程序，以下哪一项**最**有可能被视为默认设置？

    A. 数据最小化
    B. 同意
    C. 数据掩码
    D. 令牌化

A 是正确答案。

理由：

   A. 限制应用程序收集的数据量或数据最小化是隐私设计方法的主要理念。
   B. 知情同意指研究人员告知参与者研究相关事项的过程，参与者可选择是否参与。
   C. 数据集被许多团队用于支持或测试时，数据掩码的应用最广泛，但它不一定是隐私设计的主要理念。
   D. 令牌化允许授权用户将令牌关联到交易，从而获得原始数据。这些数据不再被视为敏感数据，因为它们不像加密数据那样容易被检索。可考虑用于特定的应用程序，但不一定是默认要求。

88. 以下哪一项**最**有助于基于调用返回的信息来确保对组织应用程序编程接口的许可？

    A. 基于角色的访问
    B. 基于功能的访问
    C. 基于时间的访问
    D. 基于用户的访问

A 是正确答案。

理由：

   A. 应在企业内采用基于角色的访问部署应用程序编程接口。
   B. 基于功能的访问是可行的，但并不理想，因为应用程序会不断发展并会增加新功能。
   C. 所有的 API 调用主要受时间限制。
   D. API 通常由应用程序内的服务账户使用，而不由用户调用。

领域 2 — 隐私架构 (36%)

89. 一种控制措施，用于替代应用程序中的个人可识别信息，从而将风险降低到可接受的水平。这种控制措施是：

    A. 隐私控制措施
    B. 改正性控制措施
    C. 管理控制措施
    D. 补偿性控制措施

D 是正确答案。

理由：

   A. 隐私控制措施是指机构内实施的管理、技术和物理保护措施，用于保护个人可识别信息，并确保这些信息得到正确处理，或防止造成隐私风险的活动。
   B. 改正性控制措施包括在未经授权或非预期活动之后采取的任何措施，旨在修复损坏或将资源和能力恢复到之前的状态。这种控制措施是在发生泄露之后采取的。
   C. 管理控制措施是指处理操作效能、效率和规则与管理政策遵循问题的规则、程序和实践。这不适用于上述控制措施。
   D. 补偿控制措施是为了满足对目前被认为太难或不切实际的安全措施的需求而采用的一种机制。替代被视为一种补偿性控制措施，因为它不能阻止泄露，但可以将泄露的影响降至最低。

90. 以下哪一项是企业在怀疑其私钥已被盗取时**首先**应采取的行动？

    A. 重新启动与客户端的密钥交换
    B. 向认证机构请求新的数字证书
    C. 使用公钥加密数据
    D. 请求认证机构取消数字证书

D 是正确答案。

理由：

   A. 重新启动密钥交换并不能缓解私钥被盗取的风险。
   B. 企业要请求新的数字证书，必须先请求认证机构 (Certificate Authority, CA) 取消被盗取的证书。
   C. 私钥被盗取后，不应再使用公钥。
   D. 企业应请求 CA 取消证书。通过将证书放入证书撤销清单 (Certificate Revocation List, CRL)，CA 会向客户端发出警告，告知不应再信任该证书。

领域 2 — 隐私架构 (36%)

91. X.509 标准的主要好处是：
    A. 为数据隐私从业人员所熟知
    B. 大多数浏览器和系统都可以访问证书
    C. 不需要使用认证机构
    D. 有助于生成未定义期限的证书

B 是正确答案。

理由：

    A. X.509 是一个广为人知的标准，主要好处是大多数系统都可以访问使用它生成的证书。
    B. X.509 标准有助于确保几乎所有浏览器和系统都可以访问证书，即使不同认证机构颁发的亦可访问。
    C. CA 使用 X.509 标准生成证书。
    D. 所有证书必须具有定义的有效期限。

92. 加密密钥管理的主要目的是：
    A. 生成用于加密流程的数字证书
    B. 管理加密密钥的整个生命周期
    C. 设置撤销数字证书的程序
    D. 设置管理公钥的程序

B 是正确答案。

理由：

    A. 数字加密的生成只是加密密钥管理程序应解决的其中一个方面。
    B. 加密密钥管理指管理加密密钥整个生命周期的程序，包括生成、交换、分发、存储、转换、暂时中止、撤销和销毁加密密钥。
    C. 撤销数字证书只是加密密钥管理流程中的任务之一。
    D. 公钥的管理只是加密密钥管理流程中的任务之一。

93. 公钥基础设施的一个主要目的是：
    A. 提供一种在数字证书被盗取时将其撤销的方法
    B. 保护服务器与客户端之间的通信
    C. 使用认证机构生成的数字签名
    D. 通过使用数字证书提供身份认证

B 是正确答案。

理由：

    A. 公钥基础设施 (Public Key Infrastructure, PKI) 包括在数字证书被盗取时将其撤销的程序，但这不是其主要目的。
    B. PKI 通过结合使用数字证书、私钥和公钥来保护服务器与客户端之间的通信。
    C. PKI 使用数字签名，但这不是其主要目的。
    D. 身份认证是 PKI 的一种服务，但其主要目的是保护服务器与客户端之间的通信。

领域 2 — 隐私架构 (36%)

94. 以下哪一项**最**有助于企业识别重叠的隐私法?

    A. 差距分析
    B. 隐私影响评估
    C. 安全风险评估
    D. 隐私框架

A 是正确答案。

理由:

A. 差距分析有助于企业识别重叠和不同的法律要求。
B. 隐私影响评估会分析企业内个人信息的收集、使用、共享和维护方式,但不关注法律要求。
C. 安全风险评估可识别与安全控制措施相关的缺陷。
D. 隐私框架可协助企业实现其目标。

95. 在评估向基于公有云的基础设施的迁移时,以下哪一项是**首要**的隐私考虑因素?

    A. 云服务提供商的安全义务
    B. 云服务提供商使用的技术
    C. 云计算服务模式
    D. 要包含在合同中的服务水平协议

C 是正确答案。

理由:

A. 安全义务很重要。但是,隐私从业人员应首先了解要使用的服务模式,以确定执行这些控制措施的责任归属。
B. 云服务提供商应使用技术和已知的供应商。但是,在隐私保护方面,了解云计算服务模式更重要,能够确定各相关方的责任。
C. 云计算服务模式有助于确定不同隐私保护的责任归属。
D. 服务水平协议取决于要实施的云计算服务模式。

领域 2 — 隐私架构 (36%)

96. 在实施自带设备政策时，以下哪一项安全组件**最**有效？

    A. 终端加密
    B. 移动设备管理
    C. 网络访问控制
    D. 双因素认证

B 是正确答案。

理由：

A. 终端加密只是采用自带设备计划时应实施的控制措施之一。
B. 移动设备管理 (Mobile Device Management, MDM) 提供集中的终端控制和保护，以实施各种控制措施，包括身份认证、加密、远程跟踪、应用程序控制等。
C. 网络访问控制 (Network Access Control, NAC) 是一种安全解决方案，在访问网络的设备上强制执行策略，以增加网络可见性并降低风险。但是，移动设备管理提供了 NAC 无法提供的广泛控制保护。
D. 双因素认证只是采用自带设备计划时应实施的控制措施之一。

97. 确保将系统安全引入生产环境的**最**有效的做法是：

    A. 漏洞扫描
    B. 磁盘加密
    C. 系统加固
    D. 补丁更新

C 是正确答案。

理由：

A. 漏洞扫描和补救是加固过程中应执行的做法之一。
B. 磁盘加密是一种数据保护技术，但不能消除对适当的系统加固程序的需求。
C. 在将系统引入生产环境之前，系统加固通过配置、工具和最佳实践减少攻击面，从而确保系统的安全。
D. 补丁更新是加固过程中应执行的做法之一。

98. 由谁**最终**设定数据保留政策中定义的期限？

    A. 监管机构
    B. 数据所有者
    C. 安全官
    D. 高级管理层

D 是正确答案。

理由：

A. 监管框架规定应了解并记录数据保留政策和期限，但不规定保留期限。
B. 数据所有者可以对数据进行分类，但不能决定保留期限。
C. 安全官确保实施了相关安全控制措施，但不定义期限。
D. 高级管理层最终负责确保数据隐私，包括设定数据保留期限。

领域 2 — 隐私架构 (36%)

99. 以下哪一项**最**能帮助用户请求一次性凭证,用于访问数据以执行必要的活动?

    A. 提升特权
    B. 即时特权
    C. 特权访问管理
    D. 累积特权

B 是正确答案。

理由:

    A. 在某些情况下,现有用户特权提升后,用户或应用程序可以执行其他任务。
    B. **应尽可能地对特权加以限制,并且仅在需要的情况下提升特权。即时特权允许用户一次性使用基本功能。**
    C. 特权访问管理是一个完整的解决方案,可用于执行即时特权的任务。
    D. 定期审计特权可防止旧用户、账户和流程的特权随时间累积的情况,无论他们是否仍需这些特权。

100. 由谁**最终**负责确保个人可识别信息是安全的,受特定防护性控制和措施的保护?

    A. 数据官
    B. 数据所有者
    C. 高级管理层
    D. 首席信息安全官

C 是正确答案。

理由:

    A. 数据官可以对数据进行分类,但不单独负责数据保护。
    B. 数据所有者可以对数据进行分类,但不单独负责数据保护。
    C. **保护数据隐私的最终责任由管理层承担。**
    D. 首席信息安全官确保实施了相关的安全控制措施。

101. 内部开发的应用程序编程接口要求在评分系统内处理个人可识别信息。用户登录应用程序时应触发以下哪一项?

    A. 用户同意
    B. 免责声明
    C. 链接到评分系统
    D. 信息确认

A 是正确答案。

理由:

    A. **必须取得用户同意,因为之前的应用程序目的不是收集用于在评分系统内处理的数据。**
    B. 免责声明不包含关于用户信息处理的用户同意。
    C. 提供详细描述新系统功能的页面链接是一个很好的做法,但不相关,因为收集数据的目的已变,需要征得用户的同意。
    D. 确认输入的信息可能有助于确保信息的准确性,但需要用户同意对其信息进行处理。

领域 3 — 数据生命周期 (30%)

1. 以下哪一项应包含在数据清单中？

    A. 数据保管员的姓名
    B. 最后更新日期
    C. 适用的法律和法规
    D. 数据访问位置

D 是正确答案。

理由：

　　A. 数据所有者/管理员是数据清单的一个要素，而不是数据保管员。
　　B. 更新频率是数据清单的一个要素，而不是最后更新日期。
　　C. 适用的法律和法规不是数据清单的一部分，但隐私专业人员可能希望单独创建一份列出适用法律法规的清单。
　　D. 数据访问位置是数据清单的一个要素。

2. 为确保离开企业的物理介质中的个人数据一般情况下无法访问，**最**适合采取以下哪一项措施？

    A. 对个人数据进行加密，并仅限授权人员使用解密功能
    B. 使物理介质受到授权程序的约束，确保个人数据受到保护
    C. 使用上锁的容器和防篡改包装来识别任何访问企图
    D. 使用可靠的传输者或运送者来确保安全的数据传输

A 是正确答案。

理由：

　　A. 加密指对明文格式的数据应用数学函数并生成加密的密文，从而保护数据机密性的过程。在转移物理介质之前对个人数据进行加密，并仅限授权人员使用解密功能（例如提供解密密钥），可最大程度地保护相关个人数据的机密性。
　　B. 使物理介质受到授权程序的约束可能可以确保仅授权人员访问个人数据，但在丢失或被盗的情况下无法保护数据机密性。
　　C. 使用上锁的容器和防篡改包装可以提供一定程度的物理保护，但在这些措施的保护范围之外，加密才能确保个人数据的机密性。
　　D. 使用可靠的传输者或运送者是一种良好实践，但加密才可以最好地确保个人数据的机密性。

3. 有人发现，一名医疗专业人员在未经患者同意的情况下与当地一家礼品店分享患者的姓名和地址，用于营销目的。关于使用患者数据，这名医疗专业人员违反了以下哪项隐私原则？

   A. 机密性
   B. 完整性
   C. 可用性
   D. 不可否认性

A 是正确答案。

理由：

   A. **机密性是通过经授权的访问和披露限制来实现的，其中包括对隐私权和专属信息的保护手段。在上述案例中，医疗专业人员没有履行保密义务，在未获授权的情况下与礼品店分享了患者数据信息。**
   B. 完整性是指防止不适当的信息修改或损坏，包括确保信息的不可否认性和真实性。分享患者数据，并未直接影响数据完整性。
   C. 可用性是指确保及时、可靠地访问和使用信息。患者信息是可用的，但在这种情况下，更值得关注的是机密性。
   D. 不可否认性是指保证某一方在以后无法否认原始数据，提供证据证明数据的完整性和来源，并保证可由第三方进行验证。上述案例中无须考虑这一点。

4. 以下哪一项**最**准确地描述了数据仓库中使用的转换规则？转换规则是：

   A. 分级层的规则复杂，表示层的规则很少
   B. 分级层的规则很少，表示层的规则相对更复杂
   C. 分级层和表示层的规则都很少
   D. 分级层和表示层的规则都复杂

B 是正确答案。

理由：

   A. 转换规则在分级层不一定复杂，在表示层也不一定很少，因为分级层处理输入的数据，表示层则处理输出的数据。
   B. **在分级层中，数据必须保持原样。在表示层中，数据需要符合目标设计的要求。这些目标经过高度精确和有序组织，以便优化下游用户的效率与效用。因此，分级层的转换规则很少，而表示层的转换规则更为复杂一些。**
   C. 通常，用于分级层的转换规则很少，表示层则不然，因为表示层需要遵循更复杂的规则以符合目标设计的要求，为其实现最终目标做准备。
   D. 通常，用于表示层的转换规则较为复杂，分级层则不然，因为分级层的目的是生成源系统数据的镜像。

领域 3 — 数据生命周期 (30%)

5. 以下哪一项是通过用户行为分析确保信息安全的主要好处之一？

   A. 取代了信息系统应用程序中使用的日志
   B. 可以阻止密码猜测攻击
   C. 有助于识别潜在的网络钓鱼或高级持续性威胁攻击
   D. 记录了与结构化查询语言工具相关的安全政策

C 是正确答案。

理由：

   A. 用户行为分析 (User Behavior Analytics, UBA) 有助于查找在数据库中应用数据分析的用户的异常行为，但不能代替应用程序日志。应用程序日志可识别用户通过信息系统执行的活动。UBA 可用作应用程序日志的补充。
   B. UBA 有助于检测潜在的密码猜测实例，但不能阻止攻击。
   C. UBA 有助于检测潜在的高级持续性威胁、密码猜测攻击、网络钓鱼和结构化查询语言注入攻击。
   D. UBA 有助于检测潜在的 SQL 注入攻击，但这不是建立与 SQL 工具的使用相关的安全政策的基础。

6. 以下哪一项**最**准确地描述了数据湖的一个属性？

   A. 抽象地呈现按主题领域组织的业务
   B. 数据经过高度转换和结构化
   C. 数据的用途被定义后，将被加载到数据湖中
   D. 数据会被转换，并应用模式来满足分析需求

D 是正确答案。

理由：

   A. 抽象地呈现按主题领域组织的业务是数据仓库的属性，而不是数据湖。
   B. 在数据仓库中，数据经过高度转换和结构化。
   C. 数据首先被加载到数据湖；之后，在需要时才会定义它们的用途。
   D. 数据以原始格式收集，仅在准备使用时才进行转换。这种方法被称为"读时模式"(Schema on Read)，对应数据仓库使用的"写时模式"(Schema on Write)。

7. 以下哪一项是背景数据质量标准的维度？

   A. 信誉度
   B. 透明度
   C. 适量性
   D. 可信性

C 是正确答案。

理由：

   A. 信誉度不是背景数据质量标准的维度，而是内在数据质量标准的维度。
   B. 透明度不是一个数据质量维度。
   C. 适量性是背景数据质量标准的维度。
   D. 可信性不是背景数据质量标准的维度，而是内在数据质量标准的维度。

领域 3 — 数据生命周期 (30%)

8. 对哪种类型的介质而言，删除是**最佳**的数据销毁方法？

   A. CD-R
   B. 闪存存储器
   C. DVD-R
   D. 蓝光光盘

B 是正确答案。

理由：

   A. 光盘 (Compact Disc, CD) 是通过光学方式从中读取数据的一类介质。可刻录光盘 (Compact Disc Recordable, CD-R) 是只能刻录一次但可以多次读取的 CD。
   B. 删除是清除数据的一种方法，保留了可重写介质的可重用性。闪存存储器是计算机和其他电子设备使用的数据存储介质。与以往的数据存储形式不同，闪存存储器是计算机存储器的一种可电子擦除的可编程只读存储器形式，因此不需要电源即可保留数据。闪存存储器配置为可以一次擦除芯片的大部分内容（称为"块"），甚至是整个芯片。
   C. 数字视频光盘 (Digital Video Disc, DVD) 的形状和大小与 CD 相同，但密度更高，可以选择对数据进行双面和/或双层处理。DVD-R 是一次写入型（只读）DVD，不允许擦除数据。
   D. 蓝光光盘 (Blu-ray Disc, BD) 的形状和大小与 CD 或 DVD 相同，但密度更高，可以选择对数据进行多层处理。因此，删除不是最好的选择，应考虑一个更好的方式。

9. 以下哪一项是验证所转换数据的准确性和完成度的**最佳**方式？

   A. 管理层报告
   B. 定期审计
   C. 审计轨迹和日志
   D. 用户访谈

C 是正确答案。

理由：

   A. 通过管理层报告无法深入了解所转换数据的准确性和完成度。
   B. 通过定期审计无法深入了解所转换数据的准确性和完成度。
   C. 审计轨迹和日志是验证所转换数据的准确性和完成度的最佳工具。
   D. 通过用户访谈无法深入了解所转换数据的准确性和完成度。

领域 3 — 数据生命周期 (30%)

10. 在企业中使用数据分析时，隐私专业人员**最**关注的问题之一是什么？

    A. 确保企业提出的所有问题都得到解答
    B. 确保所收集的客户信息受到保护
    C. 确保数据集市中包含客户的历史信息
    D. 确保有工具可以用来在数据仓库中进行查询

B 是正确答案。

理由：

A. 尽管数据分析师希望数据可以回答企业提出的问题，尤其是与市场和竞争有关的问题，但在隐私领域，这不是最需关注的问题。
B. 由于通过分析查询到的信息通常与客户有关，所以这些信息的隐私性永远是隐私专业人员最关切的问题。如果这些信息泄露，企业可能遭受重大负面影响。
C. 数据集市是否包含客户的历史信息是一个关注点，取决于应检查的信息，但确保信息隐私是一个更值得关注的问题。
D. 工具可以极大地帮助数据分析师完成工作，但对隐私专业人士来说不是关注点。

11. 遵循以下数据持久化实务的**最大**好处是什么？能够：

    A. 减少收集数据时可能发生的错误
    B. 最大限度地减少收集信息时的数据冗余
    C. 方便大量用户访问数据
    D. 通过防止用户未授权访问，来减少安全漏洞

B 是正确答案。

理由：

A. 数据持久化有助于降低数据冗余和重复的风险，但不能防止数据收集错误的风险。必须使用允许交叉和验证数据的其他类型的工具检测此错误。
B. 数据持久化可促进完成基于数据重用的信息，有助于降低数据冗余和重复的风险。
C. 数据持久化不允许或控制用户对数据的访问。这类控制必须由访问控制系统执行。
D. 数据持久化不允许或控制用户对数据的访问。这类控制必须由访问控制系统执行。

12. 以下哪种数据销毁方法能**最**好地重复使用设备？

    A. 消磁
    B. 压碎
    C. 磨碎
    D. 粉碎

A 是正确答案。

理由：

A. 消磁指通过改变磁场将数据从磁性介质中擦除，从而使除硬盘驱动器之外的所有驱动器都可重复使用的过程。
B. 压碎指非常用力地按压设备，将其破碎或破坏其形状，使其无法再被使用。
C. 磨碎指挤压物理介质，直至其变成粉末或软块，从而无法被重复使用。
D. 粉碎指将介质切成或撕成小块，使其无法再被使用。

13. 数据隐私专业人员在什么情况下会在活动图中使用以下符号？

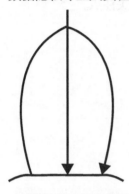

    A. 用来表示单个活动将在控制流中分成两个并行活动
    B. 用来表示在活动流中使用条件做出决策的位置
    C. 用来表示行动将同时沿着两条或更多路径发展
    D. 用来表示在完成之前需要多次执行的流程

D 是正确答案。

理由：

A. 用来表示单个活动在控制流中分成两个并行活动的是分叉符号，而不是上面显示的迭代符号。
B. 用来表示在活动流中使用条件做出决策的位置的是分支符号，而不是上面显示的迭代符号。
C. 用来表示行动将同时沿着两条或更多路径发展的是并行符号，而不是上面显示的迭代符号。
D. 上面显示的迭代符号用于表示在完成之前需要多次执行的流程。

14. 如果定期将数据移出企业，作为其生命周期的一部分，什么要求**最**应包含在服务水平协议中？
    A. 数据持久化要求
    B. 数据建模要求
    C. 数据最小化要求
    D. 质量和隐私要求

D 是正确答案。

理由：

    A. 数据持久化要求是在收集信息时制定的，将信息移出企业时则不再适用。
    B. 数据建模要求是在创建数据结构时制定的，将信息移出企业时则不再适用。
    C. 数据最小化要求是在收集数据时制定的，将信息移出企业时则不再适用。
    D. 如果必须持续将数据移出企业，则有必要制定质量和隐私要求，以确保转移到第三方手中的信息受到保护；必须在服务水平协议中记录这一信息。

15. 一家初创公司的人力资源部门确定了将从新员工那里获取的信息类型。这项任务**最**有助于：
    A. 确保适当的角色和职责与数据保护相关联
    B. 建立公司特定的常规数据处理基准
    C. 确定关键数据并将其分类为公开、机密或受限数据
    D. 执行将数据加载到旧数据结构的操作

A 是正确答案。

理由：

    A. 确保适当的角色和职责与所收集的数据相关联，是整理和管理数据清单及创建元数据的过程的一部分。这项任务确保有明确的角色和职责，以便将数据作为资产进行管理，因此对改进数据治理至关重要。
    B. 建立公司特定的常规数据处理基准指的是用户行为分析的两种工作方式之一，与数据处理无关。
    C. 确定关键数据并将其分类描述的是数据分类，应在创建数据清单后执行。数据分类必不可少，但其最终目标是确定角色和职责，以定义数据访问类型。
    D. 在创建数据清单并定义适当的角色和职责之后，应执行将数据加载到旧数据结构的操作。定义角色和职责更为重要，因为可以确定数据访问类型。

领域 3 — 数据生命周期 (30%)

16. 什么数据管理原则**最**能确保对个人数据实施充分的隐私控制?
    A. 数据最小化
    B. 数据持久化
    C. 数据转换
    D. 数据存储

A 是正确答案。

理由:

   A. **数据最小化可确保所收集的数据与实现指定目的相关而且是必需的,从而帮助确保对个人数据实施充分的隐私控制。**
   B. 为实现收集个人数据的目的,数据持久化通常是必要的,但不能确保对个人数据实施充分的隐私控制。
   C. 数据转换本身不提供对数据的隐私控制,这些控制必须由信息所有者定义和确立。
   D. 数据存储本身不提供对数据的隐私控制,这些控制必须由信息保管员定义和确立。

17. 以下哪一项是数据分析师在检测所分析数据中的错误时可能遇到的主要挑战之一?
    A. 数据分析师无法直接在系统中更正数据中的错误
    B. 数据分析师无法向数据所有者报告数据不一致的情况
    C. 数据所有者阻止数据源被更正
    D. 数据集市生成的报告不用于决策

B 是正确答案。

理由:

   A. 数据分析师不应拥有更正错误数据的权限。必须由数据所有者对信息源进行更正。
   B. **通常要求数据分析师对信息进行分析。但是,通常没有相应的流程让分析师报告发现的错误,这很容易导致数据变得不可靠并生成不一致的报告。**
   C. 数据所有者必须确保其信息可靠。因此,他们必须允许错误的数据被更正。但是,如果根本无法报告这些错误,就谈不上更正了。
   D. 数据集市报告不用于决策确实是一个挑战。但是,数据所有者希望其信息是可靠的。因此,如果没有流程用于报告数据错误并在生成报告之前进行更正,将是一个更大的挑战。

18. 一家健康保险公司检测到其内联网系统中存在未经授权的操作，并获得了系统的审计日志。企业**最**有可能执行以下哪一项措施来识别是谁执行的未经授权操作？

    A. 分析日志文件中记录的数据来生成新信息
    B. 根据工作描述确定可能登录过的员工
    C. 审查已实施的隐私和安全控制措施的有效性
    D. 将系统的访问信息与系统的审计日志相关联

D 是正确答案。

理由：

   A. 数据或数据分析无法提供确切证据，无法直接识别和追溯到执行未经授权操作的人员。
   B. 根据工作描述来确定可能登录过的员工，无法生成可追溯的可识别数据来识别是谁执行的未经授权操作。
   C. 审查已实施的隐私和安全控制措施的有效性是一种良好实践，但无法生成可追溯的可识别数据来识别是谁执行的未经授权操作。
   D. 系统日志不包含任何可直接识别的数据，所以将日志信息与相关系统的访问信息相关联，最有可能帮助识别执行未授权操作的人员。

19. 以下哪一项**最**准确地描述了数据仓库的一个属性？

    A. 所有数据都是从企业内的源系统加载的
    B. 数据以未转换或几乎未转换的状态存储在叶级
    C. 数据会被转换，并应用模式来满足分析需求
    D. 抽象地呈现按主题领域组织的业务

D 是正确答案。

理由：

   A. 并非所有数据都是从源系统加载的。通常，如果数据不用于回答特定问题或未在定义的报告中使用，可能被排除在仓库之外。
   B. 在数据仓库中，数据经过高度转换和结构化，用于协助报告和分析。
   C. 在定义数据用途之前，不会将数据加载到数据仓库中，加载之后再对数据进行高度转换和结构化。
   D. 在数据仓库的开发过程中需要耗费大量时间分析数据源，以了解业务流程和分析数据。其成果是设计用于报告的高度结构化的数据模型。

领域 3 — 数据生命周期 (30%)

20. 对于一旦丧失机密性将大幅削弱企业履行主要职能的能力的数据，**最**有可能分配到以下哪一个影响等级？

    A. 中
    B. 高
    C. 低
    D. 敏感

A 是正确答案。

理由：

   A. 被归类为中影响等级的数据指那些丧失机密性可能对企业造成严重不利影响的数据，例如公司业务大幅减少、公司资产受到重大损害、重大财务损失或个人遭受重大损害（不包括丧失生命）。
   B. 被归类为高影响等级的数据指那些丧失机密性会对企业的运营、资产或个人造成严重或灾难性不利影响的数据。
   C. 被归类为低影响等级的数据指那些丧失机密性会对企业的运营、资产或个人造成有限的不利影响的数据。
   D. 敏感类别不涉及数据的影响等级。

21. 执行数据建模时，以下哪一项是数据质量不一致的**主要**原因之一？

    A. 待建模的数据源中存在错误
    B. 对错误的数据库执行分析
    C. 数据备份受损
    D. 计划外的数据集重复

D 是正确答案。

理由：

   A. 数据建模使企业能够建立结构化的数据模型，该模型使用来自不同数据库的数据，但无法更正数据库中发生的错误。
   B. 数据建模使企业能够建立结构化的数据模型，但无法控制所分配的数据库是否正确。
   C. 数据备份受损可能影响数据分析，但不是造成数据建模不一致的原因。
   D. 发生计划外的数据重复将导致数据分析过程中出现混乱和不一致。

领域 3 — 数据生命周期 (30%)

22. 以下哪一项**最**有助于完善数据转换的项目计划?

    A. 发送信息的系统的需求
    B. 已确定的项目管理方法
    C. 业务需求分析的结果
    D. 分析需要知道信息的人员

C 是正确答案。

理由:

  A. 系统需求不如明确的业务需求那样重要。
  B. 项目管理方法有助于识别执行迁移所遵循的步骤,从而控制时间、资源、风险和项目交付成果,但它并没有完善迁移场景。
  C. 审查业务需求分析是制订和完善项目计划的最佳方式。这有助于使转换项目始终瞄准目标。
  D. 需要知道信息的人员是由业务需求确定的。

23. 哪种方法能够最快地销毁大量数据?

    A. 加密粉碎
    B. 删除
    C. 消磁
    D. 销毁

A 是正确答案。

理由:

  A. 加密粉碎是一种删除加密密钥的方法,可使加密的数据无法被访问。它通过删除数据加密密钥来利用目标数据的加密。考虑到存储设备的规模越来越大,而且要销毁的数据量很大,与其他方法相比,加密粉碎可以更快地销毁数据。
  B. 删除是清除数据的一种方法,保留了可重写介质的可重用性。如果要销毁大量数据,清除数据不如删除加密密钥那样快。
  C. 消磁指通过改变磁场将数据从磁性介质中擦除,从而使除硬盘驱动器之外的所有驱动器都可重复使用。如果要销毁大量数据,加密粉碎比消磁更快。
  D. 销毁是停止数据使用的一种暴力方法,对存储介质进行物理销毁,可能比加密粉碎慢。

24. 在创建数据清单的过程中，与数据所有者的**首次**面谈是在什么时候？

    A. 决定
    B. 发布
    C. 填充
    D. 计划

C 是正确答案。

理由：

　　A. 在决定步骤不会进行面谈。在决定步骤中，企业应确定使用什么属性来描述所收集的数据。
　　B. 在发布步骤不会进行面谈。在发布步骤中，企业会核对并发布数据清单。
　　C. 与数据所有者和利益相关方的面谈，是在创建数据清单的填充步骤进行的。
　　D. 在计划步骤不会进行面谈。在计划步骤中，企业会确定数据清单的目的和范围。

25. 应如何配置数据仓库中的数据，才能**最**好地支持复杂且不断变化的业务结构？

    A. 完全标准化
    B. 充分安全
    C. 全面验证
    D. 完全整合

A 是正确答案。

理由：

　　A. 许多专家建议，数据仓库应储存完全标准化的数据，使其可以灵活处理复杂且不断变化的业务结构。
　　B. 安全很重要，但在灵活处理复杂且不断变化的业务结构方面，不是一个主要关注点。
　　C. 数据验证用于识别数据错误、不完整或缺失的数据，以及相关数据项之间的不一致性。在灵活处理复杂且不断变化的业务结构方面，其并不起主要作用。
　　D. 数据仓库是一门关于数据整合方法的学科。标准化这些数据对于灵活处理复杂且不断变化的业务结构至关重要。

领域 3 — 数据生命周期 (30%)

26. 企业必须与远程设施的用户共享数据分析结果时，以下哪一项是对客户数据**最大**的风险？

    A. 报告不包含所有必需的信息分析
    B. 所查询的数据库不包含所有需要的信息
    C. 以平面文件或电子邮件的形式共享报告，以便及时交付
    D. 数据库中的数据未正确分类

C 是正确答案。

理由：

    A. 如果分析的信息不充分，可能导致决策存在缺陷，但更需要担忧的是潜在数据泄露。
    B. 如果数据库无法生成完整的信息，可能影响到决策，但更需要担忧的是数据泄露。
    C. 平面文件不受保护，数据容易被泄露或更改。此外，电子邮件一旦发出，其内容可能被他人通过工具读取，这也可能导致信息泄露。因此，对信息进行加密非常重要，可避免信息泄露的风险。
    D. 如果未正确分类信息，可能误识别最敏感的信息及其保护方式。但是，传输未分类的数据并不是最大的风险。

27. 积累要处置的介质时，应**优先**考虑：

    A. 记录处置过程
    B. 聚合效应
    C. 选择合适的承包商
    D. 正确的处置方法

B 是正确答案。

理由：

    A. 无论是单独处置一个介质还是积累多个介质进行处置，都需要记录处置过程，以维护审计轨迹。
    B. 由于存储在不同介质中的单独被评估为非敏感数据的数据之间可能存在语义关系，因此，积累要处置的数据可能导致这些数据被错误标记为敏感数据。
    C. 无论是在内部还是由外包承包商积累和处置介质，都应考虑到聚合效应。
    D. 积累要处置的介质时，处置方法不是主要的影响因素。

28. 以下哪一项**最**准确地描述了数据流图的一个属性？它提供了：

    A. 系统的静态视角
    B. 系统的功能视角
    C. 所处理的数据的逻辑结构
    D. 连接与事件之间的流动

B 是正确答案。

理由：

    A. 数据流图并不提供系统的静态视角。
    B. 数据流图提供系统的功能视角。
    C. 语义数据模型提供所处理的数据的逻辑结构，而不是数据流图。
    D. 状态机模型展示连接与事件之间的流动，而不是数据流图。

领域 3 — 数据生命周期 (30%)

29. 数据隐私专业人员何时会在活动图中使用以下符号？

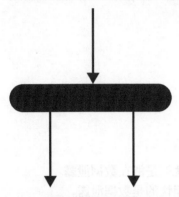

    A. 要将两个并行活动合并为一个活动
    B. 要表示控制流的分支
    C. 要将一个活动分为两个并行活动
    D. 要表示活动的定向流

C 是正确答案。

理由：

    A. 表示将两个并行活动合并为一个活动的是结合符号，而不是上面显示的分叉符号。
    B. 表示控制流分支的是判定符号，而不是上面显示的分叉符号。
    C. 上面显示的是用于活动图的分叉符号。分叉符号用于将控制流中的一个活动分为两个并行活动。
    D. 表示活动的定向流的是连接器符号，而不是上面显示的分叉符号。

30. 在执行数据转换后，以下哪一项可以**最**有效地防止信息泄露？

    A. 将存储介质移至备用存储设施
    B. 将源介质重复用于其他活动
    C. 确保安全删除源介质
    D. 审查转换后留下的日志

C 是正确答案。

理由：

    A. 保存介质使重复转换更加容易，但如果未经授权的人员可以访问介质，则无法防止信息泄露。
    B. 重复使用介质不能保证转换中使用的信息无法被他人使用取证工具恢复。
    C. 为确保数据转换后的信息无法被恢复，应安全删除用作数据源的介质，以防止迁移后的信息被访问。
    D. 通过日志可以深入了解转换过程中的操作，但不能防止迁移的信息被泄露。

31. 以下哪一项最有助于确保数据分析实现其目的：为企业提供能够创造价值的信息？

    A. 访问数据库或数据仓库中维护的可靠信息
    B. 授予所有用户所有企业信息的访问权限
    C. 从竞争中获得有关市场的信息
    D. 业务信息系统包含的客户相关信息

A 是正确答案。

理由：

- **A. 可靠的决策取决于可靠的信息。数据分析可帮助企业做出这些决策。信息必须可靠，才能为企业提供能够创造价值的信息。**
- B. 是否授予企业信息的访问权限取决于用户在执行工作时需要查阅的信息。授予所有用户所有信息的访问权限不会给企业带来任何价值，反而会带来风险，因为用户可能访问执行工作所不需要的信息。
- C. 从竞争中获得有关市场的信息对于分析任务可能是重要的，但不足以为企业带来价值。
- D. 尽管业务信息系统包含的客户信息很重要，但如果信息不可靠，则毫无用处。

32. 以下哪一项是在数据分析周期中使用用户行为分析软件的**最大**好处之一？

    A. 有助于识别数据分析师执行的异常活动
    B. 了解接收数据分析师报告的人员的行为
    C. 使用户可以轻松分析数据并做出投资决策
    D. 使用户能够检索其数据访问密码

A 是正确答案。

理由：

- **A. 使用用户行为分析软件的主要好处之一是通过数据源分析关键的元数据和用户活动。这有助于企业发现可能需要进一步调查的任何异常活动。**
- B. 通过 UBA 可以了解使用分析工具执行的活动，但不记录有关谁接收分析报告的信息。
- C. 分析数据和做出决策是数据分析工具的优势之一，不是 UBA 的用途。
- D. UBA 的目的不是恢复用于访问数据的密码。

领域 3 — 数据生命周期 (30%)

33. 以下哪一项是数据建模的**主要**目标之一？
    A. 确保没有不必要的重复数据收集
    B. 提高访问数据的速度
    C. 发生数据丢失时，便于恢复信息
    D. 提升使用建模数据做出决策的能力

A 是正确答案。

理由：

A. 通过数据建模和资产重用，企业能够确保没有不必要的数据重复。这就是在结构化数据模型中定义数据需求的原因。
B. 数据建模可提高需求定义的效率，但不能提高访问数据的速度。这可以通过专用于数据建模的计算机来实现。
C. 数据建模并不能促进信息检索。必须使用数据重新加载或还原工具来执行这项活动。
D. 数据建模可以为负责使用数据做出决策的人员提供决策依据，但其本身并不能提升做出决策的能力。

34. 实施数据持久化时，以下哪一项**最**有可能产生隐私风险？
    A. 系统中计划外的数据副本
    B. 数据分析师对数据库的查询
    C. 信息的日常备份副本
    D. 公司网站上的广告信息

A 是正确答案。

理由：

A. 制作计划外的数据副本会增加信息泄露的风险，因为会失去对谁获得副本的控制权。此外，滥用信息的实施者可能获得副本。
B. 授权用户查询的行为本身并不是数据隐私风险。
C. 如果按计划进行日常备份，不会产生更大的数据隐私风险，因为备份方面的控制也是计划好的。
D. 网站上发布的广告信息被视为公共信息，因此不会产生更大的风险。

领域 3 — 数据生命周期 (30%)

35. 必须定义什么要求来确保数据迁移取得成功？
    A. 源系统和目标系统
    B. 负责迁移的内部或外部实体
    C. 迁移政策、标准、流程和系统
    D. 数据所有者对迁移工具的责任

C 是正确答案。

理由：

　　A. 有必要明确识别源系统和目标系统，但如果没有明确的规则或标准，就无法确保迁移成功。
　　B. 如果没有明确定义的规则和标准来确定如何进行迁移，则无论是由内部团队还是外部团队执行迁移，都不会影响迁移是否成功。
　　C. 政策、标准、流程和系统是必须在迁移之前定义的要求，以确保有明确的迁移规则。
　　D. 通常，负责提议和使用迁移工具的是信息技术人员；数据所有者负责源系统和目标系统的质量。

36. 企业如何**最**好地确保数据转换完成，同时考虑到数据的准确性和完成度？通过使用：
    A. 访问控制
    B. 备份数据副本
    C. 审计轨迹和日志
    D. 数据分析

C 是正确答案。

理由：

　　A. 访问控制仅允许授权用户执行活动，并不能帮助跟踪用户进入系统后执行的操作。
　　B. 备份副本用于恢复丢失的信息或下载历史信息，不能监控系统执行的活动。
　　C. 通过使用审计轨迹和日志，可以跟踪和跟进数据转换期间执行的操作，以确保数据准确和完整。
　　D. 数据分析不能跟踪用户在数据转换期间执行的活动。

37. 执行大规模的数据转换时，以下哪一项是**主要**考虑因素？
    A. 将转换安排在周末进行，以减少对最终用户的影响
    B. 确定哪些数据需要手动转换或以编程方式转换
    C. 将审查和控制的职责分配给转换软件的开发人员
    D. 允许在转换过程中转换重复数据

B 是正确答案。

理由：

　　A. 将转换安排在周末可能是重要的，可避免影响日常运营，但对数据转换没有直接影响。
　　B. 确保转换成功的要素之一是及早识别需要通过程序转换的数据及手动转换的数据。
　　C. 开发人员有责任确保适当地迁移数据，但不负责所迁移信息的修订。
　　D. 允许转换重复数据可能在将来造成问题，但这并不是大规模转换的主要关注点。

38. 如果企业在部署新系统后需要激活一次回滚,以下哪一项可以**最大程度地降低停机风险**?
    A. 拥有待转换信息的副本
    B. 仅迁移在回退期间分类的数据
    C. 获得高级管理层的授权以执行迁移
    D. 确保回退所需的工具和应用程序的可用性

D 是正确答案。

理由:

A. 拥有待转换信息的副本很重要,但在新系统出现故障的情况下,只需回退即可。
B. 分类数据很重要,但在新系统出现故障的情况下,只需回退即可。
C. 获得迁移的授权是必要的,但在新系统出现故障的情况下,唯一能做的就是回滚。
D. 为避免迁移失败造成时间损失,在执行数据迁移之前,必须获得适当的工具和应用程序。这可以包含在应急计划中。

39. 为确保对数据层面变更的监视和控制透明度,以下哪一项是**主要的**考虑因素?
    A. 数据转换
    B. 元数据管理
    C. 数据持久化
    D. 数据最小化

B 是正确答案。

理由:

A. 数据转换不能保证数据层面的透明度。它的作用是帮助将数据从一个平台转换到另一个平台。
B. 如果缺乏元数据管理,监视和控制数据层面变化的工作就会十分烦琐,而且缺乏透明度。
C. 数据持久化不能保证数据层面的透明度。它的作用是帮助收集数据。
D. 数据最小化不能保证数据层面的透明度。它的作用是帮助收集数据。

40. 以下哪一项**最**准确地描述了使用活动图的好处?活动图:
    A. 可突出显示分配给特定实施者的流程或子流程
    B. 可突出显示与数据模型图的关系
    C. 可展示用户与系统之间的业务流程或工作流
    D. 可识别流程冗余、瓶颈和低效之处

C 是正确答案。

理由:

A. 活动图并不能突出显示分配给特定实施者的流程或子流程。
B. 活动图并不能突出显示与数据模型图的关系。
C. 活动图的好处之一是展示用户与系统之间的业务流程或工作流。
D. 活动图并不能识别流程冗余、瓶颈和低效之处。

41. 执行数据迁移时，以下哪一项能**最**大程度地减少对最终用户的影响并降低不得不回退的风险？

    A. 快速部署应用程序
    B. 首先部署数据
    C. 分期部署应用程序
    D. 逆向工程

C 是正确答案。

理由：

   A. 快速部署应用程序会对最终用户造成严重影响，而且会增加迁移失败的风险。
   B. 先迁移数据再迁移应用程序会浪费时间，因为必须等到所有迁移工作完成，才能使用迁移的数据测试迁移的应用程序。
   C. 分期部署应用程序可减少对最终用户的影响，并可降低不得不执行回退的风险。
   D. 支持逆向工程不是数据和程序迁移过程的一部分。

42. 下列哪个数据转换组件**最**有助于消除冗余和数据中的不一致？

    A. 待转换信息的备份副本组件
    B. 用于在数据转换完成后擦除所有冗余数据的组件
    C. 能够识别冗余数据的日志组件
    D. 将旧数据模型转换为新数据模型的组件

D 是正确答案。

理由：

   A. 备份不是组件，不能防止冗余和数据不一致。
   B. 组件有助于复制数据和执行转换，但不能定义在转换后删除冗余信息的程序。
   C. 通过日志不能够识别冗余数据；它们仅记录用户在转换过程中执行的操作。
   D. 要创建企业数据模型来消除数据冗余和不一致，通常必须提供可将旧数据模型转换为新数据模型的基础设施组件。

43. 一家企业意识到其最新系统的部署不成功。为避免影响任务关键型系统，企业应采取的**下一步**是什么？

    A. 清除迁移的数据库并准备重新部署系统
    B. 使用适当的工具和应用程序回滚系统
    C. 为源自迁移的信息制作备份副本
    D. 执行根本原因分析，确定问题出在哪里

B 是正确答案。

理由：

　　A. 清除数据库并不能防止迁移影响业务服务；适当的做法是回滚系统，确保任务关键型系统可以继续运行。
　　B. 部署失败后，下一步应使用适当的工具和应用程序回滚系统。这样可以最大程度地减少对任务关键型系统的影响。
　　C. 为源自迁移的信息制作备份副本无法阻止迁移对业务服务造成影响。
　　D. 在寻找故障的根本原因之前，应尽快回滚系统，避免业务运营中断。

44. 与以下哪一项结合使用时，销毁会**更加**有效？

    A. 删除
    B. 数据匿名化
    C. 消磁
    D. 加密粉碎

C 是正确答案。

理由：

　　A. 删除是清除数据的一种方法，保留了可重写介质的可重用性，与销毁没有直接关系。
　　B. 数据匿名化是一种从数据集中删除个人可识别信息的方法，使数据所描述的个人保持匿名。这与数据销毁无关。
　　C. 销毁是停止数据使用的一种暴力方法。当与消磁结合使用时，销毁会更加有效。在没有消磁的情况下，已销毁介质的碎片仍可以被读取。
　　D. 加密粉碎是一种删除加密密钥的方法，可使加密的数据无法被访问。这与数据销毁无关。

领域 3 — 数据生命周期 (30%)

45. 在确定数据销毁方法**之前**，应考虑以下哪一项？

    A. 完整性
    B. 机密性
    C. 可用性
    D. 有效性

B 是正确答案。

理由：

A. 完整性指防止不适当的信息修改或损坏，不是数据销毁的目的之一。
B. 如果没有正确处理数据销毁，剩余介质的释放可能导致未经授权的信息披露，使信息机密性受损。
C. 可用性指确保可靠地访问和使用信息，不是数据销毁的目的。
D. 有效性指确认数据符合其定义的语法规则（格式、类型、范围），与数据销毁无关。

46. 以下哪一项是在执行数据迁移时可能发生的**主要**风险？

    A. 迁移日志丢失
    B. 需要重复迁移
    C. 安全性遭到破坏
    D. 重复迁移中的延迟

C 是正确答案。

理由：

A. 如果有必要调查迁移期间发生的情况，则迁移日志很重要。但是，更大的风险是数据安全性受损。
B. 应考虑是否需要重复迁移，但只要保留了源数据，就可以将重复迁移的影响降到最低。
C. 迁移中的数据容易受到安全破坏，可能导致数据泄露及数据机密性和安全性受损。若安全性遭到破坏，将对企业造成最大的影响。
D. 虽然重复迁移的延迟并不理想，但它造成的影响没有数据安全受损那样严重。

47. 建立数据集市的**主要**目的是什么？为了支持：

    A. 业务线或一组特定的业务功能
    B. 记录企业感兴趣的所有数据
    C. 为企业的其他大型数据集市提供数据
    D. 满足整个企业的报告和分析需求

A 是正确答案。

理由：

A. 数据集市是数据集成系统。相比数据仓库，建立数据集市的目的比较局限，例如用于某一业务线或一组特定的业务功能。
B. 数据仓库是大型关系数据库，可以记录企业感兴趣的所有数据，而数据集市是为特定业务线或功能构建的。
C. 在理想情况下，数据集市依赖于数据仓库，而不是企业的其他大型数据集市。
D. 数据仓库旨在帮助满足整个企业的报告和分析需求，而数据集市用于协助特定业务线或功能。

领域 3 — 数据生命周期 (30%)

48. 在规划数据转移项目时，以下哪一项是**主要**考虑因素？

    A. 转换前数据副本的可用性
    B. 转换中数据的存储和安全性
    C. 转换后能否轻松纠正不一致的数据
    D. 在数据转换项目期间能否调整计划

B 是正确答案。

理由：

A. 数据副本可能有用；但这并不是数据转换项目的一个考虑因素。
B. 由于存在信息泄露或更改的风险，转换中数据的存储和安全性是数据转换项目最重要的考虑因素之一。若遭到破坏，将对企业造成最大的影响。
C. 纠正不一致的数据很重要，但在数据转换项目的规划阶段，这并不是主要考虑因素。
D. 项目管理方法的一部分是确保能够根据需要调整计划。但这并不是数据转换项目独有的考虑因素。

49. 在数据存储环境中，**最**好使用以下哪种技术来控制敏感数据的访问和使用？

    A. 哈希技术
    B. 使用日志
    C. 数字证书
    D. 令牌化

D 是正确答案。

理由：

A. 哈希技术用于验证从一个站点传输到另一站点的数据的完整性，而不用于控制对所存储数据的访问。
B. 日志可以记录用户执行的活动，但不提供访问控制或敏感数据保护。
C. 数字证书可确认证书持有人的身份，但不提供访问控制或敏感数据保护。
D. 令牌化涉及使用随机生成的数字（令牌）作为访问密码的补充。令牌化通常与端到端加密结合使用，以保护存储中的数据。

50. 确定数据迁移实施项目范围的**第一**步是什么？

    A. 创建清单，列出项目期间要迁移的所有数据
    B. 执行模块分析，以确定受影响的功能模块和数据实体
    C. 制订完整的数据迁移项目计划
    D. 定义将用于完成数据迁移的方法

B 是正确答案。

理由：

A. 将迁移数据列成清单是在迁移完成之后进行的。
B. 在确定数据迁移实施项目范围时，应执行的第一个任务是分析模块，以确定受影响的功能模块和数据实体。
C. 迁移计划是在获得迁移所涉及的所有模块和实体的相关信息之后才制订的。
D. 数据迁移方法是在获得基于数据模型的交易量和更改程度的相关信息之后定义的。

51. 数据分析的质量**最**有可能取决于：

    A. 报告信息的个人
    B. 数据集市的规模
    C. 对类似问题的回答的一致性
    D. 用于提问的系统

C 是正确答案。

理由：

   A. 由谁报告信息不会影响数据分析的质量。
   B. 数据集市的规模不会影响数据分析的质量。
   C. 数据分析的质量取决于对相似问题提供答案的一致性，无论参与提问和回答的人是谁。
   D. 所使用的系统对数据分析来说是透明的，它只能为查询提供或多或少的速度和/或容量。

52. 对于因处理个人数据而创建的临时文件，以下哪一项是处置的**最佳**时间？

    A. 当数据主体要求删除其个人数据时
    B. 在规定的期限内按记录的程序处理
    C. 遵循数据隐私官的指示
    D. 执行隐私影响评估之后

B 是正确答案。

理由：

   A. 数据主体要求删除文件时，如果没有其他法律依据来保留文件，数据控制者应立即删除，不得无故拖延。但是，临时文件是因处理操作而创建的，通常按记录的程序进行处置，而不仅仅是在数据主体要求时处理。
   B. 信息系统在正常运行过程中可以创建临时文件。此类文件特定于系统或应用程序，但可能包含个人数据。应在规定的期限内按记录的程序处置临时文件。数据控制者应进行定期验证，确保在指定的期限内删除未使用的临时文件。
   C. 隐私官是负责监控隐私法律的风险和业务影响并指导和协调政策及活动实施以确保遵守隐私指令的人员。相比何时应删除临时文件，隐私官负责更高层面的决定。
   D. 隐私影响评估指分析个人可识别信息的收集、使用、共享和维护方式。每当发生可能涉及新数据用途的变更或个人数据处理方式发生重大变更时，都应执行 PIA。决定何时处置临时文件不是执行 PIA 的一部分。

领域 3 — 数据生命周期 (30%)

53. 一家小型医疗理赔公司从当地医院获取并保留患者的信息和索赔。为创建患者的风险概况，他们偶尔会处理这些数据。以下哪一项措施**最**适合用于记录此过程？

    A. 应记录处理过程，因为这个行为有侵扰性，给患者的权利和自由造成风险
    B. 不需要记录处理过程，因为只是偶尔执行，并不是定期的
    C. 应记录处理过程，因为涉及处理患者的特殊类别数据
    D. 应记录处理过程，因为这是开票和会计核算目的所必需的

A 是正确答案。

理由：

   A. 这种处理会给患者造成重大影响，因为建立风险概况将会影响患者的权利和自由。
   B. 虽然只是偶尔处理，但会严重影响患者的权利和自由，应予以记录。
   C. 处理中使用的数据并未标记为特殊类别数据。
   D. 开票和会计核算不一定要求进行这种处理。

54. 以下哪一项是数据流图的**主要**好处之一？数据流图：

    A. 可尽早发现架构、接口和逻辑问题
    B. 可清楚地显示系统范围和边界
    C. 可显示与其他数据模型图的关系
    D. 可通过分解提供系统的总体视图

B 是正确答案。

理由：

   A. 数据流图并不能尽早发现架构、接口和逻辑问题。
   B. 数据流图可清楚地显示系统的范围和边界。
   C. 数据流图并不能显示与其他数据模型图的关系。
   D. 数据流图并不能通过分解提供系统的总体视图。

55. 一位客户向银行发送电子邮件，请求更新其地址。确认客户的电子邮件后，银行**下**一步应怎么做？

    A. 更新客户的数据，之后开始向更新后的地址发送账单
    B. 让客户使用更新的账单地址创建一个新账户
    C. 在满足请求之前，执行安全检查以验证地址
    D. 在满足请求之前，与客户进行视频通话，以确认其身份

C 是正确答案。

理由：

   A. 在满足新请求前应对其进行验证。
   B. 无论客户是否创建新账户，都需要验证更新的账户地址。
   C. 银行应执行更多步骤来确保信息准确无误，以免造成严重后果。
   D. 即便银行与客户进行了视频通话，仍需验证更新的账户地址。

56. 一家小型企业没有制定正式的保留政策来应对偶尔的低风险处理事项。对于此情况，以下哪一项是数据控制者应采取的**最佳**行动？

    A. 定期审查个人数据并处置任何不再需要的数据
    B. 确保及时响应数据主体的访问请求
    C. 确保对不再需要的个人数据进行匿名化处理
    D. 通知数据主体没有正式的保留政策

A 是正确答案。

理由：

   A. 保留政策列出了处理后的个人数据的类型、用途及保留期。他们应针对不同类别的个人数据确立并记录标准保留期。如果没有制定保留政策，数据控制者应定期审查个人数据，并销毁任何不再需要的数据。
   B. 响应数据主体的访问请求不是保留政策的主要目的。
   C. 匿名化是数据销毁的几种方法之一，在处置政策而非保留政策的范围内。
   D. 无须告知数据主体缺乏书面保留政策的情况。

57. 以下哪一项**最**准确地描述了数据字典？数据字典：

    A. 可以通过几个元数据存储库进行管理
    B. 包含概念的定义及其与数据资产的正式链接
    C. 包含每个数据元素的数据的相关信息
    D. 包含识别和描述企业数据集的数据

C 是正确答案。

理由：

   A. 数据字典应由单个元数据存储库管理，而不是由多个元数据存储库管理。
   B. 包含概念的定义及其与数据资产的链接的是业务词汇表，而不是数据字典。
   C. 数据字典应至少包含每个数据元素在应用程序中的数据相关信息。
   D. 包含识别和描述企业数据集的信息的是元数据，而不是数据字典。

领域 3 — 数据生命周期 (30%)

58. 以下哪一项**最**能代表数据匿名化之后的再识别风险?

    A. 入侵者捕获解密密钥，以恢复匿名数据集
    B. 入侵者从匿名数据集中获取一条记录，尝试将其与可公开获取的信息进行匹配
    C. 入侵者恢复物理介质中的匿名数据集
    D. 入侵者故意破坏匿名数据集

B 是正确答案。

理由:

  A. 解密密钥是一段信息，用于将相应密文还原为明文，而不用于数据匿名化。
  B. 匿名化有助于数据控制者保护数据，同时使企业能够向公众公开信息。匿名数据可能被用于与任何可公开获取的信息（例如，发布在互联网上的信息）相结合，从而带来再识别风险。
  C. 如果入侵者未经授权访问包含匿名数据集的物理介质，则在不结合其他信息的情况下，入侵者无法进行再识别。
  D. 数据被故意破坏和丧失完整性并不是再识别导致的。

59. 以下哪一项是数据保护和数据隐私的**关键**因素之一?

    A. 数据分类
    B. 数据清单
    C. 数据处理
    D. 元数据

A 是正确答案。

理由:

  A. 数据分类是数据保护和数据隐私的一个关键因素。数据分类涉及识别要应用于数据类型或数据集的适当的安全和隐私保护级别。它包括确定数据可以在内部和外部共享的程度。
  B. 数据清单不是与数据保护和数据隐私相关的因素。数据清单是企业处理的数据资产的记录，涵盖个人数据和一般数据。
  C. 数据处理不是与数据保护和数据隐私相关的因素。数据处理指在研究项目期间和之后以安全可靠的方式存储、归档或处置研究数据的过程。
  D. 元数据不是数据保护和数据隐私的因素。元数据是描述其他数据并提供相关信息的一组数据，汇总了有关其他数据的基本信息，使跟踪和使用这些数据更加容易。

领域 3 — 数据生命周期 (30%)

60. 以下哪一项是数据仓库的**主要**用途？协助：

    A. 报告和分析
    B. 集成和设计
    C. 提取、转换和加载
    D. 运营数据处理

A 是正确答案。

理由：

A. 数据仓库是主要（和中心）的关系数据库，包含来自企业其他数据源的数据，用于帮助进行报告和分析。
B. 数据仓库是一门关于数据集成方法的学科，但是这种集成过程主要是为了协助报告和分析
C. 提取、转换和加载 (Extract, Transform and Load, ETL) 描述了构建数据仓库的各个阶段，而数据仓库本身并不能辅助 ETL。
D. 数据仓库包含来自企业其他运营数据源的数据，用于帮助进行报告和分析。

61. 以下哪一项**最**好地解释了为什么将纠正不准确个人数据的请求认定为毫无根据？

    A. 个人为之前请求的内容的重复更改，提供了合理的变更理由
    B. 个人提出请求后撤回请求，以换取某种形式的利益
    C. 个人提出的请求中包含的问题与之前请求相同，且该问题尚未得到解决
    D. 个人提出了与一组完全不同的信息有关的重叠请求

B 是正确答案。

理由：

A. 请求中包含的问题与之前请求相同，并不能因此将这个请求归类为无根据。这类请求将被分类为过度请求。
B. 如果提出请求后撤回请求，以换取某种形式的利益，这类请求将被认定为无根据。
C. 请求中包含的问题与之前请求相同，并不能因此将其归类为无根据。这类请求可能被分类为过度请求，但这种情况例外，因为重复提出的问题尚未得到解决。
D. 与完全不同的一组信息有关的重叠请求不能被分类为无根据。

62. 为什么企业需要明确规定收集个人数据的目的？

    A. 当地隐私法规的要求
    B. 有助于创建更准确的数据清单
    C. 有助于与公司的程序保持一致
    D. 建立处理责任

D 是正确答案。

理由：

A. 当地隐私法规并不是明确规定收集个人数据目的的原因。
B. 创建更准确的数据清单并不是明确规定收集个人数据目的的原因。
C. 有助于遵循公司的程序并不是明确规定收集个人数据目的的原因。
D. 建立处理的责任是明确规定收集个人数据目的的原因之一。

领域 3 — 数据生命周期 (30%)

63. 在确定以前收集的个人数据是否可用于与最初目的不同的用途时，**最**重要的考虑因素是什么？

   A. 数据将保留多长时间
   B. 数据的历史意义
   C. 数据的敏感性
   D. 数据在系统中的位置

C 是正确答案。

理由：

   A. 在确定以前收集的个人数据是否可用于与最初目的不同的用途时，并不会考虑数据保留的时长。
   B. 在确定以前收集的个人数据是否可用于与最初目的不同的用途时，数据的历史意义并不是考虑因素之一。
   C. 在确定以前收集的个人数据是否可用于与最初目的不同的用途时，应考虑数据的敏感性。
   D. 在确定以前收集的个人数据是否可用于与最初目的不同的用途时，数据在系统中的位置并不是考虑因素之一。

64. 以下哪一项**最**准确地描述了扰乱匿名化技术？

   A. 抽样
   B. 微聚集
   C. 数据交叉表
   D. 局部抑制

B 是正确答案。

理由：

   A. 抽样是匿名化技术中的一种非扰乱方法，适用于有足够数量的原始数据使样本有意义的情况。这种方法不是发布原始的微数据文件，而是获取和发布没有标识符的样本。
   B. 扰乱是指更改数据集中的值，以防数据关联。微聚集的思想是将观察值替换为对一组单位计算出的平均值。在发布的文件中，用相同的值表示同一组的单位。
   C. 当数据表存在两个或多个变量时，可以将这两个变量交叉汇总，实际上是对数据进行聚合制成另一个表。由此生成的表称为列联表。它可以保护微数据的机密性，尤其是大规模的数据，并且是非扰乱的。
   D. 局部抑制包括将某个记录中一个或多个变量的观察值替换为缺失值，并且是非扰乱的。

65. 一位老人总是在女儿的陪伴下到当地一家银行进行交易并与银行经理讨论。他的女儿告知银行，老人的健康状况已经恶化，她将代表其父亲处理任何银行交易和业务。银行对这一请求的**最佳**回应是什么？

    A. 要求账户持有人正式授权，同意她管理其银行账户
    B. 接受她的陈述作为事实，因为她之前获得过账户持有人的许可
    C. 建议账户持有人将她添加为当前账户的第二账户持有人
    D. 开设一个新的联名账户，并在获得这位父亲允许后将其资金转入该账户

A 是正确答案。

理由：

   A. 需要账户持有人的书面授权才能允许他人代表账户持有人开展业务。银行应要求账户持有人提供此确认文件进行核实。
   B. 对银行来说，接受她的陈述作为事实不是适当的行为，因为没有确认账户持有人是否授权此活动。
   C. 建议账户持有人将她添加为当前账户的第二账户持有人不是适当的行为，不利于银行确保账户持有人的资金和信息得到适当的保护。
   D. 开设一个新的联名账户并在获得这位父亲允许后将其资金转入该账户不是适当的行为，不利于银行确保账户持有人的资金和信息得到适当的保护。

66. 以下哪一项**最**准确地描述了一级数据流图？这种数据流图提供了更为详细的系统视图，其中显示：

    A. 子流程和数据存储的几种交互形式
    B. 抽象层次结构的几种交互形式
    C. 操作与系统功能单位之间的关系
    D. 活动的顺序和并发操作的表示

A 是正确答案。

理由：

   A. 一级数据流图通过显示构成整个系统的主要子流程和数据存储，提供更为详细的系统视图。
   B. 二级数据流图将一级数据流图进一步分解为更低的层次结构的更详细模型。
   C. 用例图显示操作与系统功能单位之间的关系。
   D. 活动图显示活动的顺序和并发操作的表示。

领域 3 — 数据生命周期 (30%)

67. 以下哪一项**最**能代表一个值,例如用户在终端上通过流程图提供的信息?

    A. 子例程元素
    B. 终止符元素
    C. 数据库元素
    D. 输入/输出元素

D 是正确答案。

理由:

    A. 子例程元素指流程图中的一系列操作,而不是单条信息(如一个输入)。
    B. 终止符元素指流程图的开始或结束。
    C. 数据库元素支持流程图内的搜索或排序操作。
    D. 输入/输出元素提供了用于描述软件程序或进程的基础。这些包括用户在终端提供的输入,也包括输出(例如处理输入后提供给用户的消息)。

68. 解决计划外数据持久化威胁的**最佳**方法是什么?

    A. 数据备份
    B. 数据建模
    C. 数据最小化
    D. 数据转换

C 是正确答案。

理由:

    A. 数据备份不是针对计划外数据持久化的控制。通过数据备份可以在信息检索情况下,更轻松地保留数据的副本。
    B. 数据建模不是针对计划外数据持久化的控制。数据建模允许定义和组织数据。
    C. 数据最小化是解决计划外数据持久化的指导原则。通过在任何类型的处理中应用数据最小化,可以更轻松地实现使用最少量的数据,从而使数据收集仅限于满足特定目的所需的数据。
    D. 数据转换不是针对计划外数据持久化的控制。数据转换协助数据迁移。

领域 3 — 数据生命周期 (30%)

69. 对于数据转换，以下哪一项**最**有可能被视为回退应急计划的一部分？

    A. 检查控制总数，识别迁移中遗漏的数据，然后重新启动数据转换，加载遗漏的数据进行转换
    B. 将转换后的信息与待转换的数据进行比较，然后在检查点重新开始数据转换
    C. 在新系统的迁移中注册丢失的数据，然后继续进行数据转换
    D. 还原在开始数据转换之前最后一次保存的备份，然后重新启动数据转换

D 是正确答案。

理由：

    A. 检查控制总数和识别未转换的数据可能成为运营负担，而且无法保证所有遗漏的数据都会被转换。
    B. 在设置检查点后，从不删除转换数据的检查点重新启动转换，可能导致重复迁移数据。
    C. 除非丢失的数据量很小，否则在新系统中记录迁移中丢失的数据是没有意义的。
    D. 确保所有数据已迁移的最佳方法是还原最后一次备份并重新启动数据转换。

70. 以下哪一项**最**有助于维护存储中的数据的质量和隐私？

    A. 数据集中化
    B. 数据离散化
    C. 数据标准化
    D. 存储介质多样性

C 是正确答案。

理由：

    A. 数据集中化的成本非常高昂，而且可能成为单点故障。此外，数据集中化并不能确保数据的质量和隐私。
    B. 数据离散化会增加信息泄露和数据失去控制的风险。此外，无法确保数据的一致性、连贯性和完成度。
    C. 数据标准化有助于确保数据的质量要素 —— 完成度和一致性。此外，标准化有助于根据隐私对信息进行分类。
    D. 存储介质的多样性并不会影响数据的质量和隐私。

领域 3 — 数据生命周期 (30%)

71. 以下哪个标准能**最**好地改善对所有类型数据的分析？
    A. 容量、种类、速度和准确度
    B. 机密性、完整性和可用性
    C. 完成度、现势性和可解读性
    D. 准确性、客观性和信誉度

A 是正确答案。

理由：

   A. 容量、种类、速度和准确度使分析所有类型的数据变得更加容易，因为它们是统计操作，行为模型的创建和场景预测基于这类操作，尤其是在大数据中。
   B. 机密性、完整性和可用性是安全信息标准，有助于建立数据保护条件，但不能促进数据分析。
   C. 完整性、有效性和可解读性是情境质量的子标准，并不能促进对所有数据的分析，因为它们的应用针对的是赋予数据执行任务的用途。
   D. 准确性、客观性和信誉度是内在质量的子标准。由于其内容和含义，它们的应用针对的是对信息的质量要求，因此不能促进对所有数据的分析。

72. 为什么处置政策应包含个人可识别信息在合同终止之后、进行处置之前的保留期？
    A. 为 PII 选择适当的处置技术
    B. 为确保保留期获得信息安全经理的批准
    C. 为保护数据主体免于因合同意外失效而丢失 PII
    D. 在合同终止后继续根据业务要求处理 PII

C 是正确答案。

理由：

   A. 适当的处置技术应在制定处置政策阶段预先确定，而不是在删除时。
   B. 处置政策中定义了个人可识别信息的保留期和流程，无须获得信息安全经理的批准。
   C. 为防止合同意外失效，数据主体可能需要访问 PII，因此保留期可能是必要的。
   D. 合同终止后，应停止处理 PII 并以安全的方式保存 PII，直到保留期结束。

领域 3 — 数据生命周期 (30%)

73. 以下哪一项是在数据最小化流程中使用业务词汇表进行数据集成的主要目的？业务词汇表：

    A. 使数据处理流程的所有者可以轻松地根据信息的完整性对其进行分类
    B. 对于定义要最小化的数据之间的关系至关重要，有助于数据管理
    C. 允许在最小化流程之后按升序对数据进行排序，以加快数据访问和查询的速度
    D. 提供有关所有应最小化的业务数据的信息，以及业务的元数据存储库

D 是正确答案。

理由：

    A. 业务词汇表不能提供充分的信息用于根据数据的完整性对其进行分类，对此，必须直接分析数据。
    B. 业务词汇表的目的不是定义数据之间的关系。该职能由数据架构师/管理员执行，以建立实体或表格之间的对应、分配和关系，确保数据的参照完整性并避免重复记录。
    C. 在元数据存储库中，数据永远不会按升序排列。用户看到的顺序取决于数据库索引。
    D. 完整的数据集成要求将所有要最小化的数据编制成一份全面且经过批准和注释的业务词汇表。

74. 谁**最**有可能负责维护敏感文档和输出设备？

    A. IT 运营总监
    B. IT 行政总监
    C. 隐私官
    D. 首席信息官

A 是正确答案。

理由：

    A. 管理敏感文档和输出设备指对敏感的 IT 资产（如特殊表单、可流通票据、特殊用途的打印机或安全令牌）采取适当的保护措施、会计实务和库存管理。因此，IT 运营总监负责维护敏感文档和输出设备。
    B. IT 行政总监负责建立和维护配置模型或监控内部控制，但不负责管理敏感文档和输出设备。
    C. 隐私官负责确定外部合规要求，或者定义和管理与隐私相关的质量标准、实务及程序。管理敏感文件和输出设备不在隐私官的职责范围内。
    D. 首席信息官对敏感文档和输出设备的管理承担责任，但不负责具体的维护工作。

75. 与日志记录和个人数据保护相关的**主要**关注点是什么?

    A. 事件日志记录对个人数据的访问
    B. 数据控制者定义与个人数据记录有关的标准
    C. 数据控制者限制通过网络日志收集个人数据
    D. 日志信息可能包含个人数据

D 是正确答案。

理由:

   A. 在可能的情况下,事件日志应记录对个人数据的访问,包括谁访问、何时访问、访问哪个数据主体的个人数据,以及做出了哪些(添加、修改或删除)变更(如有)。但是,日志包含个人数据是一个更关键的问题。
   B. 如果数据控制者允许数据主体访问日志记录,应实施适当的控制,确保数据主体只能访问与其活动有关的记录,而不能访问与其他数据主体的活动有关的任何日志记录,而且无法以任何方式修改日志。但是,日志信息包含个人数据才是主要关注点。
   C. 数据控制者应将个人数据收集限制为只收集与已确定的目的直接或间接相关、成比例且必要的最少量数据,如网络日志。
   D. 为安全监控和运行诊断等目的而记录的日志信息可能包含个人数据。应采取访问控制等措施,确保仅按预期用途使用记录的信息。应制定一个程序(最好是自动化程序),确保按保留计划删除记录的信息或进行去身份识别。

76. 数据主体请求获得个人数据的副本,而数据控制者已根据数据处置政策删除了这些数据,以下哪一项是应采取的**最佳**做法?

    A. 恢复已删除的个人数据,并在法律或政策规定的时间内与数据主体共享
    B. 为数据主体提供与删除有关的日志或纪要
    C. 告知数据主体处置政策,以及已根据该政策删除了所请求的个人数据
    D. 不采取任何做法,因为不再存储或处理个人数据

C 是正确答案。

理由:

   A. 如果已删除的个人数据可以被恢复,说明删除方法不适当。如果是这样,数据控制者应更新处置方法和政策。
   B. 除非数据主体明确要求,否则不应为其提供与删除有关的日志或纪要。
   C. 如果数据主体请求获得已根据处置政策删除的个人数据,数据控制者应告知数据主体已删除数据及处置政策。
   D. 应回复数据主体的请求,告知其已删除数据及处置政策。

77. 如果关于数据保留的法律要求和业务要求有冲突，在创建数据保留计划时，以下哪一项是应采取的**最佳措施**？

　　A. 数据控制者应联系监管机构，以做出正式决定
　　B. 该计划应反映各种法规和要求允许的最长时间
　　C. 在确定保留计划时，数据控制者应考虑数据主体提供的同意
　　D. 应基于风险评估做出业务决策，并记录在适当的计划中

D 是正确答案。

理由：

　　A. 关于如何解决影响企业的各种要求之间的冲突，企业应做出决定。
　　B. 企业可能不适合采用法规允许的最长的数据保留时间。监管机构只强调监管要求。
　　C. 数据主体的同意不会影响有关数据保留计划的决定。
　　D. 在评估相关风险之后，企业应评估相关影响，就适当的响应做出决定并记录在计划中。

78. 选择合适的处理技术时，以下哪一项是**最佳考虑因素**？

　　A. 使用当前清单中的软件或设备
　　B. 正在考虑的处理技术的难易程度
　　C. 与个人可识别信息相关的任何元数据
　　D. 正在考虑的处理技术的成本

C 是正确答案。

理由：

　　A. 如果当前清单不满足当前需求，可能需要购买专用软件或设备来实施适当的处理技术。
　　B. 选择适当的处理技术时需要考虑的因素包括但不限于要处置的个人可识别信息的性质和范围、是否存在与 PII 相关的元数据，以及用于存储 PII 的介质的物理特性。简单的技术未必合适。
　　C. 适当的处理技术应确保 PII 被不可逆转地销毁。为实现完全的不可逆性，处理技术还应清理与 PII 相关的任何元数据。
　　D. 采用适当处理技术的主要目标是完全的不可逆性，而不是成本最低的选择。

领域 3 — 数据生命周期 (30%)

79. 在处理操作后重新分配存储空间时，以下哪一项是应考虑的**主要**数据隐私风险？

    A. 设备可能被损坏，无法再使用
    B. 其他用户可以访问个人可识别信息
    C. 企业无法响应数据主体的信息请求
    D. 数据的完整性受到损害

B 是正确答案。

理由：

A. 损坏的设备无法重复使用，因此不存在重大的数据隐私问题。
B. 数据控制者应确保每次重新分配存储空间时，之前存储在存储空间中的任何个人可识别信息都无法被访问。在信息系统中，由于存在性能问题，可能意味着显式清除存储在系统中的 PII 不实际。这带来了另一个风险，即其他用户可以访问 PII。应通过特定的技术措施避免此类风险。
C. 响应数据主体的请求与设备的重复使用无关。
D. 处理操作旨在清除设备中的所有数据，而不是保护其完整性。

80. 从备份介质还原个人可识别信息时，**最**需要通过适当的业务流程确保以下哪一项？

    A. 有效性
    B. 安全
    C. 及时性
    D. 完整性

D 是正确答案。

理由：

A. 有效性指确认数据符合其定义的语法规则（格式、类型、范围）。应在信息系统的输入阶段确保有效性，而不是从备份还原后。
B. 信息安全指维护信息的机密性、完整性和可用性。但最应关注的是个人可识别信息的完整性。
C. 及时性衡量标准涉及内容的现势性和需要使用时的可用性。从备份还原 PII 时，及时性很重要，因为可能存在多个备份文件。但是，如果完整性受到损害，PII 将不再有用。
D. 完整性指防止不适当的信息修改或损坏。如果系统出现故障、遭到攻击或发生灾难，可能需要还原 PII。还原 PII（通常是从备份介质）时，需要采取适当的流程来确保 PII 还原后的状态可以确保 PII 完整性和/或识别 PII 不准确和/或未完成之处，并且有相应的流程来解决这些问题。

领域 3 — 数据生命周期 (30%)

81. 以下哪一项**最**准确地描述了非扰乱匿名化技术？

    A. 微聚集
    B. 数据交换
    C. 后随机化方法
    D. 全局重编码

D 是正确答案。

理由：

   A. 微聚集是一种概率性方法，指将观察值替换为对一组单位计算出的平均值。在发布的文件中，用相同的值表示同一组的单位。
   B. 数据交换是一种概率性方法，通过转换一小部分原始数据中不同记录对的变量值来更改数据记录。目的是为数据用户或入侵者引入有关记录是否对应于真实数据元素的不确定性。
   C. 后随机化方法是一种扰乱分类变量的概率性方法。
   D. 全局重编码是一种非扰乱方法，可降低变量值的特定性，并相应地减少表的信息量。对于分类变量（对单位进行分类的变量），会将几个类别合并，形成新的、不太具体的类别，从而产生新的变量。一个连续变量被另一个聚合连续变量范围的变量替换。

82. 数据销毁后，完成证明将写入：

    A. 确定销毁方法
    B. 描述个人数据所在的设备
    C. 确认已成功完成销毁流程
    D. 记录销毁见证人的姓名

C 是正确答案。

理由：

   A. 销毁方法是完成证明应包含的项目之一，而不是证明的主要目的。
   B. 要销毁的设备是完成证明应包含的项目之一，而不是证明的主要目的。
   C. 需要完成证明来确认已成功完成销毁流程。
   D. 销毁见证人的姓名是完成证明应包含的项目之一，而不是证明的主要目的。

领域 3 — 数据生命周期 (30%)

83. 健康保险公司在决定要向个人收集的数据的详细程度时，以下哪一项是**最佳**方法？
    A. 收集详细信息，然后汇总不同受众的信息
    B. 获取当前所需的最少数据量，然后通过其他活动（例如审计）进行扩展
    C. 开展调查和面谈，根据结果决定数据的详细程度
    D. 允许数据集所有者确定要向个人收集的数据的详细程度

A 是正确答案。

理由：

   A. 收集详细信息，然后汇总不同受众的信息，使企业能够适当地计划其数据清单，从而满足数据用户的各种需求。
   B. 获取当前所需的最少数据量，然后通过其他活动（例如审计）进行扩展的做法与填充数据清单有关，是在计划数据清单之后进行的。
   C. 开展调查和面谈，根据结果决定数据的详细程度的做法与填充数据清单有关，是在计划数据清单之后进行的。
   D. 数据集所有者应提供关于数据清单中应包含哪些信息的意见，但他们不能单独确定要收集的数据的详细程度。

84. 以下哪一项**最**准确地描述了数据分类的目的？
    A. 确定资源的优先顺序、提高数据质量和避免重复收集数据
    B. 为每个数据类别建立保护配置文件并分配控制元素
    C. 改善数据发现并允许用户搜索、浏览和关联不同的数据
    D. 制定并实施适当的活动来管理数据和隐私风险

B 是正确答案。

理由：

   A. 确定资源的优先顺序、提高数据质量和避免重复收集数据是数据清单的好处。
   B. 为每个数据类别建立保护配置文件并分配控制元素是数据分类的目的。
   C. 改善数据发现并允许用户搜索、浏览和关联不同的数据是数据清单的目的之一。
   D. 制定并实施适当的活动来管理数据和隐私风险是美国国家标准技术研究院隐私框架的控制功能的好处。

85. 填充数据清单时，以下哪一项是**首要**任务？

    A. 讨论潜在的安全和隐私问题
    B. 审查个人的数据访问权利
    C. 确定用于维护数据质量的技术
    D. 与数据和产品所有者面谈

D 是正确答案。

理由：

    A. 讨论潜在的安全和隐私问题很重要，但不会生成可纳入数据清单的信息。
    B. 审查个人的数据访问权利很重要，但不会生成可纳入数据清单的信息。
    C. 确定用于维护数据质量的技术是在填充数据清单之后进行的。
    D. 与数据和产品所有者面谈是填充数据清单的中心任务。

86. 在无法进行现场压碎的情况下，以下哪一项是运输无法正常运行的待销毁设备或数字存储介质的**最佳**方法？

    A. 分成两组或多组进行分批交付
    B. 使用上锁的容器和防篡改包装
    C. 在安全监管链下进行
    D. 使用可靠的传输者或运送者

C 是正确答案。

理由：

    A. 分成多个批次和不同路径交付，可防止个人数据在运输过程中遭到未经授权的披露或修改，但安全监管链可确保整个销毁过程适当。
    B. 使用上锁的容器和防篡改包装可以在转移过程中提供一定程度的物理保护，但不能保证销毁过程是适当的。
    C. 安全监管链可确保将设备或介质安全地转移到销毁服务提供商的地点。
    D. 使用可靠的传输者或运送者是一种良好实践，但不足以保证销毁操作是适当的。

87. 与在其他数据类型中嵌入数据类型相关，以下哪一项是**最**重大的风险？

    A. 完整性丧失
    B. 密钥管理不当
    C. 不符合组织政策
    D. 流程控制效率降低

D 是正确答案。

理由：

　　A. 完整性丧失不是将数据类型嵌入其他数据类型的结果。
　　B. 密钥管理指密码系统中的密钥生成、交换、存储、使用、销毁和替换，与嵌入数据类型无关。
　　C. 将数据类型嵌入其他数据类型可能导致流程控制效率降低，随后可能不符合组织政策。
　　D. 信息流控制规定了信息在信息系统内部及信息系统之间流通的路径。将数据类型嵌入其他数据类型可能导致流程控制效率降低。对数据类型嵌入的限制考虑到嵌入级别，并禁止超出检查工具能力的数据类型嵌入级别。

88. 不使用特定的个人数据时，**最**适合采取以下哪项操作？数据控制者应：

    A. 在保留期结束时将其清除
    B. 匿名化数据
    C. 安全地存档数据
    D. 重新考虑是否需要保留

D 是正确答案。

理由：

　　A. 在决定是否继续保留数据之后，应在保留期结束前或到期时清除数据。
　　B. 匿名化是数据销毁的几种方法之一。保留和处置政策决定了是否可以提前删除数据，以及针对特定个人数据应采用哪种方法。
　　C. 存档是一种保留形式，应以安全的方式进行。但是，数据控制者应决定适合删除还是保留。
　　D. 保留政策必须足够灵活，允许在适当的情况下提前删除数据。对于未实际使用的任何个人数据，数据控制者应在保留期结束之前重新考虑需要保留还是删除。

领域 3 — 数据生命周期 (30%)

89. 保留个人数据的时间过长**最**有可能导致：
    A. 保留的合法依据
    B. 与存储和安全相关的低成本
    C. 数据不相关的风险
    D. 轻松响应数据主体访问请求

C 是正确答案。

理由：

   A. 根据定义，将个人数据保留太长是不必要的。不可能有合法的保留依据。
   B. 保留比所需更多的个人数据是效率低下的做法，可能带来存储和安全方面的不必要的成本。
   C. 确保正确清除不需要的个人数据，可降低这些数据不相关、过多、不准确或过时的风险。
   D. 如果将数据保留超过所需的时间，要响应数据主体对个人数据的访问请求可能更加困难。

90. 数据控制者需要处理数据但不需要识别个人时，以下哪一项是应采取的**最佳**措施？
    A. 删除数据
    B. 数据匿名化
    C. 对数据进行加密
    D. 将数据存档

B 是正确答案。

理由：

   A. 删除的数据无法再次使用，如果之后可能需要使用这些数据，则不适合删除。
   B. 数据匿名化是一种从数据集中删除个人可识别信息的方法，使个人保持匿名。匿名化数据不再属于个人数据，可以在没有重大隐私问题的情况下使用。
   C. 对数据进行加密不会删除数据中的 PII，而且之后需要解密才能处理这些数据。
   D. 存档是以安全的方式长期存储不活跃数据的过程，如果之后可能需要使用这些数据，则不适合存档。

91. 作为安全程序的一部分，银行会保留有关客户的个人数据，包括客户的地址、出生日期和母亲的婚前姓氏。以下哪一项是在注销账户后应采取的**最佳**行动？

    A. 立即删除客户信息，不得无故拖延
    B. 将客户信息匿名化，在账户注销后继续使用这些信息
    C. 根据客户要求销毁客户信息
    D. 根据法律或运营需求继续保留客户信息

D 是正确答案。

理由：

   A. 删除客户信息会使它们无法再被使用，从而无法满足某些法律或运营需求。
   B. 匿名化将删除客户数据中的个人可识别信息，并在需要时由于某些法律或运营的原因，使其无法使用。
   C. 对于个人的数据销毁要求，应推迟到任何合法保留期到期时再履行。
   D. 出于某些法律（例如反洗钱法规）或运营原因，即便注销了账户之后，也可能要求将客户的个人数据保留一段指定的时间。

92. 对于员工离职后可能需要保留的员工信息类型，以下哪一项是**最佳**示例？

    A. 以前的地址
    B. 受益人详细信息
    C. 退休金安排
    D. 紧急联系方式

C 是正确答案。

理由：

   A. 员工离职后，不再需要以前的地址。
   B. 无须保留离职员工的受益人详细信息。
   C. 退休金安排是雇主在员工离职后可能需要保留和处理的员工信息的一个示例。
   D. 紧急联系方式是在雇佣期间维护的。

93. 以下哪一项对加密粉碎的效果影响**最大**？

    A. 数据被匿名化
    B. 没有同时采用消磁技术
    C. 只加密了部分数据
    D. 介质没有被妥善销毁

C 是正确答案。

理由：

   A. 加密粉碎的有效性不受匿名程序的影响。
   B. 加密和消磁是两个独立的程序，适用于不同的情景，而且它们之间没有关联。
   C. 加密粉碎要求所有数据都已加密。即使删除了加密密钥，任何未加密的数据也可以被访问。
   D. 加密粉碎的有效性在于加密密钥的销毁，因此，如果数据无法被访问，则不需要销毁介质。

测试后

如果想了解自己的强项和弱项,您可以进行学习之后的测验。考试样卷从第 145 页开始,考试样卷答题纸从第 153 页开始。您可以根据第 155 页的考试样卷参考答案为自己学习之后的测验打分。

考试样卷

1. 应该在何时启动**首次**隐私影响评估？
   A. 在设计隐私计划后
   B. 隐私计划开始后立即启动
   C. 在测试流程早期
   D. 在实施隐私计划后

2. 对哪种类型的介质而言，删除是**最佳**的数据销毁方法？
   A. CD-R
   B. 闪存存储器
   C. DVD-R
   D. 蓝光光盘

3. **大多数**隐私法律和法规通常会界定以下哪一项数据主体权利？
   A. 数据主体免费享有访问个人数据的权利
   B. 必须按照数据主体请求的格式提供个人数据的副本
   C. 必须随时应数据主体的请求更改个人数据
   D. 必须应数据主体的请求随时删除个人数据

4. 以下哪一项**最**有助于基于调用返回的信息来确保对组织应用程序编程接口的许可？
   A. 基于角色的访问
   B. 基于功能的访问
   C. 基于时间的访问
   D. 基于用户的访问

5. 在选择具体的隐私影响评估方法之前，以下哪一项对企业**最**重要？PIA 方法应：
   A. 与全球最佳实践接轨
   B. 已经被业界同行采用
   C. 与业务影响分析相结合
   D. 受适用指南监管

6. 某组织的数据库在运行过程中被一名新入职的监控人员重新启动。以下哪一项控制能够**最**有效地防止未来发生这种情况？
   A. 限制对其他应用程序系统的访问权限
   B. 添加生物识别的认证
   C. 授予用户基于功能的访问权限
   D. 授予用户基于角色的访问权限

7. 在确定数据销毁方法**之前**，应考虑以下哪一项？
   A. 完整性
   B. 机密性
   C. 可用性
   D. 有效性

8. 以下哪一项**最**准确地描述了使用发送方政策框架的目的?

   A. 通过使用发送方电子邮件服务器附加到电子邮件的数字证书,来确定目的地的域名是否正确
   B. 通过让接收方的电子邮件服务器对发送方的域名数据与电子邮件发送方的互联网协议地址进行比较,确保发送方的域名不被伪造
   C. 不考虑标准或 IP 地址,在接收方的电子邮件服务器上将所有电子邮件文件数据存档
   D. 暂停发送电子邮件,直到发送方的电子邮件服务器得到电子邮件发送方主管的批准

9. 与第三方供应商签订合同时,以下哪项是确保所有隐私要求得到妥善解决的**最佳**方式?

   A. 让法务部参与供应商审核流程
   B. 要求供应商提供最新的服务组织控制报告副本
   C. 创建供应商风险概况,建立服务与数据之间的联系
   D. 创建一份相关隐私法规的清单

10. 要评估用于缓解已识别隐私风险的保护措施,以下哪项是**最佳**选择?

    A. 业务影响分析
    B. 供应商风险评估
    C. 隐私影响评估
    D. 隐私重新设计

11. 建立数据集市的**主要**目的是什么?为了支持:

    A. 业务线或一组特定的业务功能
    B. 记录企业感兴趣的所有数据
    C. 为企业的其他大型数据集市提供数据
    D. 满足整个企业的报告和分析需求

12. 以下哪项是通过用户行为分析确保信息安全的**主要**好处之一?

    A. 取代了信息系统应用程序中使用的日志
    B. 可以阻止密码猜测攻击
    C. 有助于识别潜在的网络钓鱼或高级持续性威胁攻击
    D. 记录了与结构化查询语言工具相关的安全政策

13. 如果就职的企业在云端存储个人信息,隐私从业人员**最**关心的问题是什么?

    A. 云服务提供商法律办公室所在的国家/地区
    B. 已实施哪些控制措施来保护云端信息
    C. 是否签订了保密协议
    D. 云服务提供商处理和存储数据的地点

14. 以下哪种方法**最**有助于支持人员在不共享个人可识别信息的情况下使用应用程序中的数据集?

    A. 加密
    B. 令牌化
    C. 替代
    D. 数据掩码

15. 在尝试阻止犯罪活动时，数据隐私专业人员**最**关注的是以下哪项控制措施？
    A. 监控摄像头
    B. 持续照明
    C. 死锁
    D. 声音探测器

16. 以下哪项措施能够**最有效**地保护数据免受嗅探攻击？
    A. 网络接口控制器处于混杂模式
    B. 密码文件受到保护
    C. 仅使用同轴电缆进行网络传输
    D. 所有传输的数据均已加密

17. 以下哪项**最准确地**描述了使用活动图的好处？活动图：
    A. 可突出显示分配给特定实施者的流程或子流程
    B. 可突出显示与数据模型图的关系
    C. 可展示用户与系统之间的业务流程或工作流
    D. 可识别流程冗余、瓶颈和低效之处

18. 在新软件开发项目中，以下哪项是最大限度地减少未来安全和隐私问题的**最佳**方式？
    A. 执行全面的用户测试
    B. 在编码之前构建安全的设计
    C. 执行渗透测试
    D. 执行静态代码分析

19. 在可能将个人信息用于直接影响个人的决策流程时，应**首先**执行以下哪项？
    A. 隐私影响评估
    B. 隐私意识培训
    C. 隐私事件管理
    D. 隐私文档

20. 以下哪一个选项**最准确地**描述了当发现无效证书时必须采取的恰当行动？认证机构应当：
    A. 签发新密钥对来验证证书
    B. 重新认证来自该个人的所有文档
    C. 将证书加入证书撤销清单
    D. 重新签发根据旧证书生成的所有文档

21. 以下哪类信息**最**可能属于个人敏感信息？
    A. 财务数据
    B. 网站登录信息
    C. 发布到社交媒体的图片
    D. 性取向

22. 实现风险管理流程的**最佳**方式是：
    A. 评估会利用漏洞的现实威胁
    B. 审查审计中发现的技术弱点
    C. 比较竞争对手公布的数据丢失统计信息
    D. 对过去 10 年的风险事件进行趋势分析

23. 以下哪种法律保护模式要求设立专门的数据保护机构？
    A. 部门模式
    B. 综合模式
    C. 合作监管模式
    D. 自我监管模式

24. 在为企业远程用户选择虚拟专用网络时，以下哪项是**主要**考虑因素？
    A. 不良行为者监控共享信息的能力
    B. 无法在多台设备上使用 VPN
    C. 用户隐私因加密而受到侵犯
    D. 防范基于互联网的攻击，如恶意软件或病毒

25. 以下哪项是批准企业隐私政策的**最佳**角色？
    A. 首席隐私官
    B. 首席信息官
    C. 董事会
    D. 首席信息安全官

26. 有人发现，一名医疗专业人员在未经患者同意的情况下与当地一家礼品店分享患者的姓名和地址，用于营销目的。关于使用患者数据，这名医疗专业人员违反了以下哪项隐私原则？
    A. 机密性
    B. 完整性
    C. 可用性
    D. 不可否认性

27. 从隐私的角度而言，将日志生成纳入系统设计的**最**主要原因是什么？
    A. 保存系统内执行的所有操作的证据
    B. 及早检测出系统处理的数据滥用或误用情况
    C. 便于在系统损坏的情况下恢复信息
    D. 在发生欺诈后进行调查

28. 如果企业在部署新系统后需要激活一次回滚，以下哪项可以**最大**程度地降低停机风险？
    A. 拥有待转换信息的副本
    B. 仅迁移在回退期间分类的数据
    C. 获得高级管理层的授权以执行迁移
    D. 确保回退所需的工具和应用程序的可用性

29. 在免费网络研讨会的报名表上选择的职业级别信息属于：
    A. 个人资料
    B. 个人信息
    C. 个人可识别信息
    D. 敏感信息

30. 以下哪项**最**准确地描述了扰乱匿名化技术？
    A. 抽样
    B. 微聚集
    C. 数据交叉表
    D. 局部抑制

31. 确保隐私审计程序能够解决关键问题的**最佳**方式是：

    A. 与企业所有者面谈，了解他们关注的领域，以将这些领域纳入隐私审计程序
    B. 执行风险评估，以识别要纳入隐私审计程序的高风险领域
    C. 审查以前的隐私评估结果，以识别要纳入隐私审计程序的风险领域
    D. 拥有足够的审计人员审查企业内的所有关键领域

32. 信息和数据合规团队应在哪个阶段参与，以最大程度地为安全开发生命周期做出贡献？

    A. 需求收集
    B. 设计和编码
    C. 安全测试
    D. 应用程序发布

33. 一位老人总是在女儿的陪伴下到当地一家银行进行交易并与银行经理讨论。他的女儿告知银行，老人的健康状况已经恶化，她将代表其父亲处理任何银行交易和业务。银行对这一请求的**最佳**回应是什么？

    A. 要求账户持有人正式授权，同意她管理其银行账户
    B. 接受她的陈述作为事实，因为她之前获得过账户持有人的许可
    C. 建议账户持有人将她添加为当前账户的第二账户持有人
    D. 开设一个新的联名账户，并在获得这位父亲允许后将其资金转入该账户

34. 以下哪一方负责确保遵守隐私政策？

    A. 隐私指导委员会
    B. 首席隐私官
    C. 数据控制者
    D. 合规官

35. 以下哪个选项**最**有可能表明，客户关系管理应用应设在内部而不是外包给海外公司？

    A. 海外地点的电子通信质量不佳
    B. 将流程外包的投资回报率不高
    C. 隐私法律禁止客户数据跨境传输
    D. 外包组织的文化会带来高风险

36. 以下哪种技术堆栈**最**能帮助企业在数据处理过程中出现故障时快速恢复？

    A. 基于云
    B. 自主管理型
    C. 托管服务
    D. 主机托管

37. 以下哪项**最**有助于企业识别重叠的隐私法？

    A. 差距分析
    B. 隐私影响评估
    C. 安全风险评估
    D. 隐私框架

38. 在数据存储环境中，**最**好使用以下哪种技术来控制敏感数据的访问和使用？
    A. 哈希技术
    B. 使用日志
    C. 数字证书
    D. 令牌化

39. 以下哪项是背景数据质量标准的维度？
    A. 信誉度
    B. 透明度
    C. 适量性
    D. 可信性

40. 密码破解尝试**最**准确地描述了：
    A. 拒绝服务攻击
    B. 结构化查询语言注入攻击
    C. 穷举攻击
    D. 身份认证旁路攻击

41. 访问与失业津贴相关的交易数据，可能导致以下哪种存在问题的数据操作？
    A. 监视
    B. 重新识别
    C. 污名化
    D. 不合理限制

42. 在规划数据转移项目时，以下哪项是**主要**考虑因素？
    A. 转换前数据副本的可用性
    B. 转换中数据的存储和安全性
    C. 转换后能否轻松纠正不一致的数据
    D. 在数据转换项目期间能否调整计划

43. 数据分析的质量**最**有可能取决于：
    A. 报告信息的个人
    B. 数据集市的规模
    C. 对类似问题的回答的一致性
    D. 用于提问的系统

44. 为确保离开企业的物理介质中的个人数据一般情况下无法访问，**最**适合采取以下哪项措施？
    A. 对个人数据进行加密，并仅限授权人员使用解密功能
    B. 使物理介质受到授权程序的约束，确保个人数据受到保护
    C. 使用上锁的容器和防篡改包装来识别任何访问企图
    D. 使用可靠的传输者或运送者来确保安全的数据传输

45. 以下哪项**最**准确地描述了数据仓库中使用的转换规则？转换规则是：
    A. 分级层的规则复杂，表示层的规则很少
    B. 分级层的规则很少，表示层的规则相对更复杂
    C. 分级层和表示层的规则都很少
    D. 分级层和表示层的规则都复杂

46. 以下哪一方负责批准隐私管理政策和程序？
    A. 首席隐私官
    B. 隐私指导委员会
    C. 隐私经理
    D. 首席信息安全官

47. 以下哪项是验证所转换数据的准确性和完成度的**最佳**方式？
    A. 管理层报告
    B. 定期审计
    C. 审计轨迹和日志
    D. 用户访谈

48. 为确保对数据层面变更的监视和控制透明度，以下哪项是**主要**的考虑因素？
    A. 数据转换
    B. 元数据管理
    C. 数据持久化
    D. 数据最小化

49. 以下哪项能够**最**有效地减少恶意攻击者可用于窃取隐私信息的攻击面？
    A. 漏洞管理计划
    B. 隐私政策和程序
    C. 终端加密
    D. 基于角色的访问控制

50. 要确保对云服务提供商进行适当的持续监控，以下哪项**最**重要？
    A. 在合同中加入审计权条款
    B. 对供应商执行详尽的尽职调查
    C. 每周接收服务水平协议报告
    D. 确立并实施合适的指标

51. 在评估向基于公有云的基础设施的迁移时，以下哪项是**首要**的隐私考虑因素？
    A. 云服务提供商的安全义务
    B. 云服务提供商使用的技术
    C. 云计算服务模式
    D. 要包含在合同中的服务水平协议

52. 以下哪项是实施有效风险管理流程的**主要**成果？
    A. 消除所有已识别的风险
    B. 可接受的残余风险
    C. 消除固有风险
    D. 优化的隐私影响评估

53. 以下哪一方负责制订隐私管理计划？
    A. 首席隐私官
    B. 隐私指导委员会
    C. 业务部门经理
    D. 隐私经理

54. 在实施自带设备政策时，以下哪项安全组件**最**有效？

    A. 终端加密
    B. 移动设备管理
    C. 网络访问控制
    D. 双因素认证

55. 如果个人计算机和服务器之间的 IP 安全通信采用高级加密标准算法，则**必须**将以下哪个密钥用于数据加密？

    A. PC 拥有的私钥
    B. PC 和服务器之间共享的公用密钥
    C. PC 拥有的公钥
    D. 服务器拥有的公钥

56. 从信息安全和隐私的角度来看，以下哪项**最**适合归类为第一道防线？

    A. 应用程序变更控制
    B. 进入应用程序时的数据验证
    C. 用户识别和身份认证
    D. 创建备份副本

57. 以下哪项**最**准确地描述了一级数据流图？这种数据流图提供了更为详细的系统视图，其中显示：

    A. 子流程和数据存储的几种交互形式
    B. 抽象层次结构的几种交互形式
    C. 操作与系统功能单位之间的关系
    D. 活动的顺序和并发操作的表示

58. 攻击者能够从包含最终用户信息的测试和开发环境中检索数据。以下哪种加固技术能够**最**有效地防止这种攻击演变成严重隐私泄露？

    A. 数据分类
    B. 数据字典
    C. 数据混淆
    D. 数据规范化

59. 采用强制访问控制的**主要**优点之一是什么？

    A. 用户可以根据需要修改或配置访问控制
    B. 可以根据数据所有者的决定激活或修改保护
    C. 只有管理员可以更改资源类别

60. 由谁**最终**设定数据保留政策中定义的期限？

    A. 监管机构
    B. 数据所有者
    C. 安全官
    D. 高级管理层

考试样卷答题纸

考题编号	答案	考题编号	答案	考题编号	答案
1		27		53	
2		28		54	
3		29		55	
4		30		56	
5		31		57	
6		32		58	
7		33		59	
8		34		60	
9		35			
10		36			
11		37			
12		38			
13		39			
14		40			
15		41			
16		42			
17		43			
18		44			
19		45			
20		46			
21		47			
22		48			
23		49			
24		50			
25		51			
26		52			

考试样卷参考答案

考题编号	答案	参考	考题编号	答案	参考	考题编号	答案	参考
1	B	1-2	26	A	3-3	51	C	2-95
2	B	3-8	27	B	2-5	52	B	1-88
3	A	1-104	28	D	3-38	53	B	1-13
4	A	2-88	29	A	1-59	54	B	2-96
5	D	1-24	30	B	3-64	55	B	2-25
6	D	2-37	31	B	1-41	56	C	2-6
7	B	3-45	32	A	2-8	57	A	3-66
8	B	2-20	33	A	3-65	58	C	2-9
9	C	1-40	34	C	1-62	59	C	2-33
10	C	1-87	35	C	1-4	60	D	2-98
11	A	3-47	36	A	2-22			
12	C	3-5	37	A	2-94			
13	D	2-2	38	D	3-49			
14	D	2-86	39	C	3-7			
15	A	2-10	40	C	1-23			
16	D	2-3	41	C	1-86			
17	C	3-40	42	B	3-48			
18	B	2-23	43	C	3-51			
19	A	1-11	44	A	3-2			
20	C	2-4	45	B	3-4			
21	D	1-3	46	B	1-25			
22	A	1-82	47	C	3-9			
23	B	1-61	48	B	3-39			
24	D	2-36	49	A	1-103			
25	C	1-60	50	D	2-21			

*第一个数字指的是问题所在的领域。第二个数字是该领域内的问题编号。

例如，参考编号 1–1 指的是领域 1，问题 1。

参考答案与答题

题号	答案	题号	答案	题号	答案	题号	答案	备注
1	B	7	2-95	26	A	3-7	31	7-95
2	B	3-60	27	B	2-5	32	B	7-78
3	A	1-104	28	D	3-39	33	D	1-13
4	A	2-88	29	A	1-55	34	B	2-46
5	D	1-78	30	B	3-64	35	D	2-15
6	D	2-37	31	B	1-41	36	C	2-C
7	B	3-95	32	A	2-3	37	A	3-06
8	B	2-20	33	A	3-85	38	C	2-8
9	C	1-30	34	A	1-57	39	C	3-33
10	C	1-87	35	C	1-4	40	D	2-85
11	A	3-47	36	A	2-32			
12	C	3-5	37	AC	2-91			
13	D	3-2	38	D	3-46			
14	D	2-86	39	C				
15	A	2-10	40	C	1-23			
16	D	2-3	41	C	1-88			
17	C	3-12	42	B	3-48			
18	B	2-23	43	C	3-31			
19			44	A	1-71	45	A	3-7
20	C	2-6	45	B	3-4			
21	D	1-5	46	B	3-35			
22	A	1-32	47	C	3-3			
23	B	3-01	52	B	3-30			
24	C	2-36	49	A	1-103			
25	C	1-60	50	D	2-52			